主编简介

田　橙，急诊医学与工商管理双硕士，副主任医师。现就职于中国船舶重工集团第七一二研究所，主要从事急诊医学与高血压等疾病的防治工作，近年开始健康管理的研究。

余爱华，软件信息工程硕士，武汉大学人民医院主管护师，长期从事老年病科临床与体检工作，对健康体检和慢性病的防治有较深入的研究。

梁直厚，医学博士，华中科技大学附属协和医院副教授，主要研究遗传性疾病与心脑血管疾病危险因素的防治，承担多项国家自然科学基金项目。

员工健康管理

田 橙 余爱华 梁直厚 主编

武汉大学出版社

图书在版编目(CIP)数据

员工健康管理/田橙,余爱华,梁直厚主编.—武汉:武汉大学出版社,2011.9
　　ISBN 978-7-307-09209-9

　　Ⅰ.员… Ⅱ.①田… ②余… ③梁… Ⅲ.①企业管理—劳动保护—劳动管理 ②企业管理—劳动卫生—卫生管理 Ⅳ.①X92 ②R13

中国版本图书馆 CIP 数据核字(2011)第 193356 号

责任编辑:张　欣　　责任校对:刘　欣　　版式设计:马　佳

出版发行:武汉大学出版社　　(430072　武昌　珞珈山)
　　　　　(电子邮件:cbs22@whu.edu.cn　网址:www.wdp.com.cn)
印刷:湖北金海印务有限公司
开本:720×1000　1/16　　印张:11.25　字数:223 千字　插页:2
版次:2011 年 9 月第 1 版　　2011 年 9 月第 1 次印刷
ISBN 978-7-307-09209-9/X·31　　定价:25.00 元

版权所有,不得翻印;凡购我社的图书,如有质量问题,请与当地图书销售部门联系调换。

编委名单

主编：田　橙　　余爱华　　梁直厚
编委：杨　波　　周志斌　　吴　超
　　　刘永平　　徐亚宁　　李海燕
　　　卢云燕　　孙　超　　雷　杨
　　　张慧娟　　王和友　　胡予楠
　　　梁直厚　　余爱华　　田　橙

序

工作本身有价值，但最终是为了生活质量的提升。然而，在很多情况下，为了赢得组织或个人竞争优势，人们专注于工作，忘记了生活，偏离了生活的正确方向，使得工作与生活分离；更有甚者，工作严重地挤压了生活，导致人们健康状况下降，其结果是：既影响工作，也影响生活。

企业和员工的关系，亦如鱼和水的关系，两者很难分离。企业需要健康的员工，需要为员工的健康而付出努力，换取员工的忠诚和勤勉工作；员工需要自我关注和保护，在实现企业价值的同时，实现自我价值的提升。在竞争白热化的今天，健康的企业和健康的员工才是实现可持续发展的根本。

田橙的著作正是基于上述思想和立场而构思、撰写的。他有医学本科和医学硕士学位背景，在管理工作和实践中，又希望用科学的管理方法开展工作，在华中科技大学管理学院参加 MBA 的学习时他将医学与管理学结合，选择了员工健康管理领域做为自己的 MBA 学位论文研究选题。为此，我鼓励他多学习和思考，尝试在自己的工作和管理实践中，运用管理的理论为员工的健康服务，这部著作正是他努力的结晶。

本书在第一章主要阐述了员工健康管理的基本思想、基本方法、管理路径和策略。为了实行健康管理，必须有的放矢，第二章作者比较系统地介绍了健康诊断办法。从第三章开始到第五章，分别从行为管理、非传染性慢性病管理、应急管理等方面，比较系统地阐述了健康管理的思想和做法，力求体现预防性、针对性、系统性的结合。为企业的健康管理和员工自我健康管理提供科学依据和解决方案。

尽管本人不是医学出身，主要在心理学和人力资源管理学领域开展研究和教学活动，对许多医学标准和名词不熟悉，但还是为田橙的可持续发展理论和钻研精神所感动，特作序，希望人们努力进取的同时，不要忘记健康的价值。

华中科技大学管理学院　龙立荣教授
2011 年 7 月 29 日

目　　录

第一章　员工健康管理概论 …………………………………………… 1
- 第一节　员工健康管理的定义 ……………………………………… 1
- 第二节　员工健康管理的研究背景 ………………………………… 2
- 第三节　员工健康管理的基本内容及流程 ………………………… 4
- 第四节　员工健康管理的主要业务模式及分类管理策略 ………… 15
- 第五节　员工健康档案管理 ………………………………………… 17
- 第六节　员工健康管理的注意事项 ………………………………… 18

第二章　健康体检 ……………………………………………………… 21
- 第一节　体检前的准备工作及注意事项 …………………………… 22
- 第二节　体格检查 …………………………………………………… 23
- 第三节　心电图检查 ………………………………………………… 31
- 第四节　腹部B超检查 ……………………………………………… 33
- 第五节　胸部X线检查 ……………………………………………… 37
- 第六节　实验室检查 ………………………………………………… 38

第三章　健康干预（一）生活方式管理 ……………………………… 51
- 第一节　科学饮食 …………………………………………………… 51
- 第二节　适当运动 …………………………………………………… 73
- 第三节　戒烟限酒 …………………………………………………… 82
- 第四节　心理健康 …………………………………………………… 87
- 第五节　职业危害 …………………………………………………… 105
- 第六节　防止意外 …………………………………………………… 115
- 第七节　正确就医 …………………………………………………… 117
- 第八节　合理用药 …………………………………………………… 122

第四章　健康干预（二）慢性非传染性疾病防治 …………………… 127
- 第一节　冠心病的防治 ……………………………………………… 127

第二节	高血压的防治	131
第三节	血脂异常的防治	135
第四节	糖尿病的防治	139
第五节	肥胖的防治	144
第六节	肿瘤的防治	148
第七节	慢性阻塞性肺部疾病的防治	157

第五章 健康干预（三）灾难性病伤管理 ········ 160
  第一节 院前急救 ········ 160
  第二节 转诊和运送 ········ 168
  第三节 后续照顾 ········ 170

参考文献 ········ 172

第一章 员工健康管理概论

第一节 员工健康管理的定义

"健康不仅仅是没有疾病和虚弱,而是一种心理、躯体、社会康宁的完美状态",这是1948年世界卫生组织(WHO)宪章中首次提出的现代健康的概念。1978年WHO在国际卫生保健大会上通过的《阿拉木图宣言》中重申了健康概念的内涵,指出"健康不仅仅是没有疾病和痛苦,而是包括身体、心理和社会功能各方面的完好状态"。《渥太华宪章》又提出了"良好的健康是社会、经济和个人发展的重要资源"。与"无病即健康"的传统健康观相比,现代关于健康的概念显然包括更大的范围和更高的目标,其含义是多元的、广泛的,包括生理、心理和社会适应性三个方面。

生理健康主要指身体结构完好、功能正常,躯体和环境之间保持相对的平衡;心理健康主要指人的心理处于完好状态,包括正确认识自我、正确认识环境和及时适应环境;社会适应能力良好是指个人的能力在社会系统内得到充分的发挥,个人能够有效地扮演与其身份相适应的角色,个人行为与社会规范一致。上述三者相辅相成,心理健康是生理健康的精神支柱,良好的情绪状态可以使生理功能处于最佳状态,反之则会降低或破坏某种功能而引起疾病;生理健康是心理健康的物质基础,身体状况的改变可能带来相应的心理问题,使人产生烦恼、焦躁、忧虑、抑郁等不良情绪,导致各种不正常的心理状态;社会适应性归根结底取决于生理和心理的素质状况。

管理的定义不胜枚举,"科学管理之父"弗洛德里克·W.泰罗认为管理的含义是"确切知道要别人去干什么,并用最好最经济的方法去干";亨利·法约尔认为"管理是所有人类组织的一种活动,这种活动由五项要素组成:计划、组织、指挥、协调和控制";哈罗德·孔茨认为"管理就是为集体中工作的人员谋划和保持一个能使他们完成预定目标和任务的工作环境";彼得·F.德鲁克概括为"归根到底管理是一种实践,其本质不在于知而在于行,其验证不在于逻辑,而在于成果,其唯一权威就是成就"。综合分析上述各种定义,可以将管理概括为:管理是在特定的环境下,对组织拥有的各种资源进行计划、组织、领导和控制,协调人力、物力和财力等资源以期高效率的实现组织既定目标的过程。管理首先要有管理主体，即说明由谁来进行管理的问题；其次要有管理客体，即说明管理的对象或管理什么的问题；再次要有管理目的，即说明为何进行管理的问题。作为员工健康管理，企事业单位内部经过系统教育和培训并取得相应资质的健康管理工作者即为管理的主体，对员工无论是健康人群、亚健康人群，或是慢性非传染性疾病人群、灾难性病伤人群即管理客体进行管理，达到员工健康之目的。

综上所述，可以将员工健康管理定义为：员工健康管理是以现代健康概念和新的医学模式为指导，采用现代医学和现代管理学的理论、技术、方法和手段，针对员工健康进行全面计划、干预、监测、评估和循环跟踪服务的医学行为和过程，从而达到员工生理、心理和社会生活处于完好状态之目的。

第二节 员工健康管理的研究背景

现代健康管理的思路和实践源于美国，由于传统以疾病为中心的诊疗模式满足不了人们对健康的需求，以群体和个人健康为中心的健康管理模式应运而生。其理论基础可以概括为：个体从健康到疾病要经历一个完整的发生和发展过程。一般来说，是从处于低危险状态到高危险状态，再到发生早期改变，出现临床症状。在被诊断为疾病（尤其是在慢性病）之前，往往需要几年甚至十几年，乃至几十年的时间。期间的变化多数并不能轻易地被察觉，各阶段之间也并无截然的界线，通过有针对性的预防干预，有可能成功地阻断、延缓、甚至逆转疾病的发生和发展进程，从而实现维护健康的目的。员工健康管理概念提出的背景主要包括以下四点：

一、行为生活方式导致的慢性疾病需要健康管理

随着人类经济发展及生活水平的提高，人类疾病谱发生了重要的变化。以中国为例，我国1957年时城市主要疾病死因构成前三位为呼吸系统疾病、传染病、肺结核；1984年前三位死因构成分别为心脏病、脑血管病、恶性肿瘤；据1999年卫生部的统计数据，脑血管病、恶性肿瘤、心脏病位于我国城市主要疾病死因构成前三位，比例分别达到22.28%、21.06%、16.37%。另据中华人民共和国卫生部2004年10月发布的《中国员工营养与健康现状》，不健康的行为生活方式导致中国慢性非传染性疾病患病率上升迅速：全国18岁及以上人群高血压患病率为18.8%，患病人数约为1.6亿多；18岁及以上人群糖尿病患病率为2.6%，空腹血糖受损率为1.9%。成人血脂异常患病率为18.6%，血脂异常患病率中、老年人相近。

根据上述统计数据，我国具有高血压、糖尿病、血脂异常等心脑血管疾病高危因素的患者约数亿人，这些疾病与不健康的行为生活方式具有直接的关系，与传统

导致死亡的呼吸系统疾病、传染病等相比，需要个性化、连续性、可及性的健康管理服务，解决这些问题迫切需要健康管理的介入。

二、企业管理者与企业员工的健康状况不容乐观

在日益激烈的商业竞争中，企业管理者的能力在很大程度上决定企业的成败，而管理者的健康是他们能否最大限度地发挥才干的关键因素之一。然而，职业压力与不健康的生活方式导致中国企业管理者的健康状况不容乐观。2004年4月，《中国企业家》对国内企业家进行《企业家工作、健康与快乐状况调查》的结果表明，肠胃等消化系统疾病占30.77%，高血糖、高血脂以及高血压占23.08%，吸烟和饮酒过量占21.15%。同时90.6%的企业家处于"过劳"状态、28.3%的企业家记忆力下降、26.4%的企业家失眠。部分企业家如地产巨子汤臣集团汤君年、温州民营企业家领袖王均瑶等的英年早逝，给企业带来了不可估量的损失。

据《中国青年报》子报《青年时讯》报告，卫生部曾对10个城市上班族进行调查，发现处于亚健康状态的人占48%，其中沿海城市高于内地城市，脑力劳动者高于体力劳动者，中年人高于青年人。同时，卫生部下属机构"中国保健科技学会"在全国16个省、市进行的健康状况调查表明，北京人处于"亚健康"状态的比例是75.3%，上海所占比例是73.49%、广东所占比例是73.41%。而且，因健康问题导致的过劳死事件频繁发生，不仅给员工家庭带来无法弥补的损失，企业形象也大打折扣。

三、员工健康对企业工作效率的影响日趋明显

随着社会的发展，健康在后工业化时代对社会生产力的影响越来越大。前工业化时代，判断生产力的指标是劳动力；工业化时代判断生产力的指标是机器，后工业化时代判断生产力的指标是员工的效率，而员工的效率与员工的健康状况密切相关，健康状况不佳直接导致员工效率的降低。美国是最早进入后工业化时代的国家之一，最早感受到因员工健康问题对生产率的负面影响已经构成了对经济发展的威胁和挑战。

研究表明，与工作效率低下明显相关的健康危险因素包括吸烟、身体活动少、酒精摄入、使用放松药物、生活满意度差、工作满意度差、压力大、血压高、胆固醇高、血糖高、体重超重等，随着健康风险因素的增多，工作效率低下值也随之增加。Shirley Musich将人群按健康风险因素的个数分为轻、中、重三个危险等级，其中重度健康风险等级的员工工作低下率为32.7%，中度健康风险等级的员工工作低下率为23.7%；而低度健康风险等级的员工工作低下率仅为14.5%。美国健康管理与生产力研究院院长肖恩·利文博士表示，让员工处于最佳健康状态，能够减少企业因为生产力降低而产生的巨大损失，这一损失通常比传统医疗费用高2~

3倍。

四、医疗费用的迅猛增长让社会与企业不堪重负

20世纪科学技术的迅猛发展和生活质量的明显提高,加上医学和公共卫生的联盟,人类现在比任何时候都健康、长寿,但代价极其昂贵。2006年全国医疗卫生费用支出3120亿元,比1978年增长58.7倍,与2000年的医疗费用1170亿元相比增长166%,既超过国民经济增长,也超过员工收入增长。究其原因,新的医疗手段及新药的昂贵费用是医疗费用节节攀升的主要原因,员工对健康的需求增加也是原因之一。

实际上,现行的各国医疗系统均是一个"诊断和治疗"系统。人群中最不健康的1%和患慢性病的19%共用了70%的医疗卫生费用。如果只关注病人,忽视各种健康风险因素对健康人口的损害,疾病人群必将不断扩大,现有医疗系统也会不堪负荷。同时,研究还发现80%的医疗支出用在了治疗那些可预防的疾病,这意味着那些需要昂贵治疗费用的疾病,如果通过健康管理减少发病率,可以节约大量的直接医疗费用。

第三节 员工健康管理的基本内容及流程

健康管理是一个长期的、连续不断的、周而复始的过程,只有长期坚持,才能达到健康管理的预期效果。在此特将PDCA循环的概念引入健康管理,以利于健康管理的过程实现。

PDCA循环是管理学中的一个通用模型,最早由休哈特于1930年构想,后来被美国质量管理专家戴明博士再度挖掘出来,并加以广泛宣传和运用于持续改善产品质量的过程中。PDCA循环是能使任何一项活动有效进行的一种合乎逻辑的工作程序,P、D、C、A四个英文字母所代表的意义如下:

P(Plan)——计划。包括方针和目标的确定以及活动计划的制定。

D(Do)——执行。执行就是具体运作,实现计划中的内容。

C(Check)——检查。总结执行计划的结果,分清对错,明确效果,找出问题。

A(Action)——行动。对总结检查的结果进行处理,成功的经验加以肯定,并予以标准化,或制定作业指导书,便于以后工作时遵循;对于失败的教训也要总结,以免重现。对于没有解决的问题,在下一个PDCA循环中去解决。

具体到健康管理,可以设定为制定健康管理计划(P)、实施健康干预(D)、进行健康检查(C)、健康评估与提高(A)四个步骤。

一、制定健康管理计划（P）

健康管理计划是整个健康管理流程中的第一个环节。制定员工个人健康管理计划的主要依据是员工个人的健康检查及评估的结果，制定员工群体健康管理计划的主要依据是群体的主要健康指标和群体的健康期望。

健康管理的关键指标应符合"SMART"原则，即关键指标的标准应是："具体的（S）"、"可度量的（M）"、"可实现的（A）"、"现实的（R）"、"有截止期限的（T）"。

例如，美国制定的全国健康管理计划"健康人民"。该计划由美国联邦和社会服务部牵头，与地方政府、社区和专业组织进行合作，每十年一次，通过计划、执行、评价等几个步骤循环，旨在不断提高全美国的健康水平。如今"健康人民"计划已经进入第二个十年，该计划包括两个主要目标，28个重点领域和467项健康指标。两个主要目标是：1. 提高健康生活质量，延长健康寿命；2. 消除健康差距。健康指标中有十项列为重点健康指标：运动、超重及肥胖、烟草使用、药物滥用、负责任的性行为、精神健康、伤害与暴力、环境质量、计划免疫及医疗保健覆盖率等。

对于企业而言，可针对企业员工群体健康状况及该企业对健康的期望做出健康计划。以某企业的健康"998877"计划为例进行说明，该企业员工健康管理选取2010年为起始年，2015年为截止年，结合其"十二五"的总体战略目标，提出员工健康管理目标。即到2015年，企业员工健康理念较为先进，健康管理成为人力资源管理的重要组成部分，健康管理覆盖率达到99%；健康管理的形式和方式趋于完善，健康管理满意率达到88%；健康管理措施较为有力，主要慢性疾病患病率及灾难性病伤率为"十一五"期间的77%。

员工个人健康管理计划应依据个人的健康检查及评估的结果，主要针对个人存在的健康危险因素制定相应的目标并拟定健康干预措施。健康危险因素是指对人的健康造成危害或不良影响、进而导致诸多疾病（主要是慢性非传染性疾病）或伤残的因素。包括生物、化学、物理、心理、社会环境及不良生活方式与习惯等。健康危险因素具有遗传性、潜在性、可变性（多种危险因素）、聚集性以及可测可控性等特点。员工个人健康管理周期长度应依据个人健康状况进行调整，一般以1~2年为宜。

示例如下：男，52岁。血压160/96mmHg，血脂异常（LDL180mg/dL，HDL32mg/dL，TC240mg/dL），空腹血糖9.6mmol/L；吸烟20年，1包/日，不饮酒；体力活动较少，体重指数$28kg/m^2$。心电图、胸片、肝肾功能等均正常。经分析后提出个人健康计划如下表1-1：

表 1-1　　　　　　　　　　健康计划

健康危险因素	健康干预目标	健康干预措施
吸烟	完全戒烟	强烈鼓励患者和家人戒烟。 提供咨询、尼古丁替代品，和适当的正规戒烟计划
体力活动过少	每周有效锻炼4次	鼓励每周3~4次，每次30分钟的中等强度锻炼。 同时增加日常生活中的体力活动
肥胖	体重指数下降为 $24kg/m^2$	在每次巡诊时测患者的体重指数。 控制饮食，适当的体力活动
高血压	血压控制 <130/85mmHg	每次巡诊时测血压 促进生活方式的改变：控制体重，体力活动，钠盐摄入适量 降血压药物治疗
血脂异常	LDL < 130mg/dL HDL>35mg/dL TC < 200mg/dL	制定饮食计划，控制体重 联合用药：他汀类+贝特类
高血糖	空腹血糖与HbA1c接近正常	降低体重和锻炼 口服降糖药（磺脲类药物和/或二甲双胍类） 必要时胰岛素治疗

二、实施健康干预（D）

健康干预是根据循证医学的证据，对影响健康的不良行为、不良生活方式及习惯等危险因素以及导致的不良健康状态进行综合处置的医学措施与手段。疾病尤其是慢性非传染性疾病往往都有正常健康人——低危人群——高危人群——疾病——并发症的发展规律，任何阶段开始对造成疾病的健康危险因素进行健康干预都可能取得一定的效果，干预越早取得的效果越明显。对员工实施健康干预的方式主要包括：

（一）生活方式管理

主要关注个体的生活方式可能带来什么健康风险，并帮助员工作出最佳的健康行为选择来减少健康风险因素。生活方式管理的结果主要决定于参与者采取什么样的行动，因此要调动个体对自己健康的责任心。生活方式管理通过采取行动降低健康风险和促进健康行为来预防疾病和伤害，可以说是健康管理的基础。详见本书第二章。

（二）慢性非传染性疾病管理

随着我国疾病谱和死亡谱的变化、人口老龄化、生活行为的改变，慢性非传染性疾病迅速上升，已成为我国重要的公共卫生问题。我国正面临着传染病和慢性非传染病防治的双重挑战，开展慢病防治是健康管理的重要任务之一。目前我国主要的慢性非传染性疾病有高血压、脑卒中、冠心病、糖尿病、超重和肥胖、肿瘤、慢性阻塞性肺部疾病等。对慢性非传染性疾病进行健康干预要针对不同人群采取有针对性的措施，按照不同慢病三级预防的要求开展健康干预。详见本书第三章。

（三）灾难性病伤管理

为患癌症等灾难性病伤的病人及家庭提供各种医疗服务，要求高度专业化的疾病管理。综合利用病人和家属的健康教育，病人自我保健的选择和多学科小组的管理，使医疗需求复杂的病人在临床、财政和心理上都能获得最优化结果。详见本书第四章。

三、进行健康检查（C）

健康检查的内容主要包括两个方面。一方面是对受检者进行健康体检，具体内容见本书第五章；另一方面是对健康干预措施的执行情况进行检查。因部分健康干预措施难以执行到位，亦即依从性（依从性也称顺从性、顺应性，指员工按照健康管理师或医生的健康管理措施进行健康管理、与健康管理干预措施一致的行为，反之则称为非依从性。依从性可分为完全依从、部分依从和完全不依从 3 类）较差，健康管理者必须检查健康干预措施的执行情况，了解依从性较差的措施为何难以执行并分析原因，有利于提出下一步健康干预措施。

四、健康评估与提高（A）

PDCA 循环的第四步是对健康检查的结果进行评估分析，哪些项目达到了健康计划中设定的健康干预目标，哪些项目没有达到预期目标，对成功的经验加以肯定，对于失败的教训进行总结，并对员工进行健康再评估，对于上一个 PDCA 循环没有解决的问题和新发现的问题，在下一个 PDCA 循环中解决。

健康管理的核心技术是健康评估。健康评估指对所收集到的个体、群体健康或疾病相关信息进行系统、综合、连续的科学分析与评价的过程，其目的是为维护、促进和改善健康，管理和控制健康风险提供科学依据。从世界卫生组织对健康的定义出发，对人体健康的评估至少应该包括以下几个方面：

（一）身体结构和功能评价

通过对运动系统、循环、呼吸、消化、神经、内分泌代谢系统、泌尿、生殖系统、感官、免疫系统的全面检测，做出肌体器官组织的结构和功能评价；对体质、体能测定做出素质能力的评估。结构和功能异常即诊断为疾病状态,并且能够划分出疾病的危险等级,进而做临床预防,例如中国高血压指南对高血压合并其他危险因素和临床情况的危险进行了如下分层(表1-2),具体分层标准根据血压升高水平、其他心血管危险因素、糖尿病、靶器官损害以及并发症情况。表示高血压的预后不仅与血压升高的水平有关,而且与其他心血管危险因素存在及靶器官损害程度等有关,低危、中危、高危和极高危分别表示10年内发生心脑血管病事件的概率为<15%、15%~20%、20%~30%和>30%。根据高血压的危险等级为下一步的治疗和治疗目标提供依据。

表1-2　　高血压患者心血管危险分层标准

其他危险因素和病史	高血压1级	高血压2级	高血压3级
无其他危险因素	低危	中危	高危
1~2个危险因素	中危	中危	极高危
3个以上危险因素或糖尿病、靶器官损害	高危	高危	极高危
有并发症	极高危	极高危	极高危

对于结构无异常,仅仅是功能异常和素质能力低下,则判定为疾病前状态,尽早发现这些问题,为疾病的早治、早防和健康管理提供客观依据。

(二)心理评估

心理健康是人体整体健康的一部分,所以心理评估是健康评估不可或缺的重要组成部分。完成一个正确有效的心理评估可以了解自身的心理状况,及时发现影响健康的危险因素,及时干预,降低疾病的发生发展;了解和鉴别躯体不健康状况是疾病反映还是心理反映,从而帮助个体认识自己,避免医源性伤害;另外已有研究表明,心理生物因素在多种疾病的发生发展中起主要作用,所以了解这些因素对于避免像高血压这类由心理生物因素共同导致的疾病的发生发展有重要作用。目前心理评估的方式除了成熟的量表外,还有各种先进的心理及压力测试仪器,使心理评估更加客观准确。

(三)社会适应能力评估

个体在与环境相互作用时表现出不同的适应性,也就是个体的社会适应能力。社会适应良好是指能胜任各种角色,适应不良是指缺乏角色意识。如果出现持续的不适应,就会产生各种身心反映,影响健康水平和生活质量,进而引起身心失调及衰退。通常采用《社会适应能力量表》、《心理适应性量表》、《社会支持问卷》、《社会功能缺陷评定量表》完成此项评估,对于保持个体的社会适应性、维持人的社会功能和延缓衰退、促进健康具有重要意义。

(四) 生命质量和生理年龄评估

生命质量按WHO提出的定义指不同文化和价值体系中的个体对他们的生活目标、期望、标准，以及所关心事情有关的生活状态的体验。这一概念包含了个体的生理健康、心理状态、独立能力、社会关系、个人信仰和与周围环境的关系。生理年龄的评估是通过收集个体的生理、生化指标及激素水平，采用一定的运算公式和算法，得出个体的生理年龄，并与自然年龄作比较，判断其衰老程度，从而更精确地评估健康状况。

(五) 健康风险评估

健康风险评估用于描述或估计某一个体未来发生某种特定疾病或因为某种特定疾病导致死亡的可能性。健康风险评估包括检查个人病史、家族史、生活方式、年龄、性别、体检资料等个人健康信息，并通过标准化的健康指标对个人的健康状况及未来患病或死亡的危险性进行评估。其重点在于估计特定事件发生的可能性，而不在于做出明确的诊断。目的是帮助个体综合认识健康风险，鼓励和帮助人们纠正不良健康行为和习惯，制定个性化的有效地干预措施，评价干预措施的有效性。

最初健康风险评估起源于美国，主要是评估个体死亡的风险。如表1-3、表1-4所示，美国25~44岁与45~64岁人群的主要死因是不一致的，根据此群体的基础数据，结合个人及家族的危险因素、有针对性的体检结果、社会经济状况、行为生活方式及职业倾向进行个人健康与疾病风险调整。

表1-3 美国人群中的死因顺位（25~44岁）

男性	死亡率/100000	女性	死亡率/100000
1. 艾滋病	57.0	1. 癌症	28.1
2. 意外伤害	51.2	2. 意外伤害	15.0
3. 心脏病	29.0	3. 心脏病	11.4
4. 癌症	24.7	4. 艾滋病	9.1
5. 自杀	24.4	5. 他杀	6.4

表1-4 美国人群中的死因顺位（45~64岁）

男性	死亡率/100000	女性	死亡率/100000
心脏病	308.2	癌症	240.1
癌症	298.7	心脏病	120.7
意外伤害	42.9	中风	26.2
中风	33.3	慢性阻塞性肺病	23.6
艾滋病	31.2	糖尿病	20.4

从上表可以看出，对一个 20 岁左右的年轻男子来说，最可能致死的是意外伤害，而癌症可能是一名 50 岁左右的女性的死亡原因。也就是说，不同年龄人群的死亡风险有显著的不同，进而相同年龄人群的死亡风险也与遗传、个人行为、经济状况等差异相应有所不同。

现在健康风险评估重点已经逐步转变为对以疾病为基础的危险性评价，这是健康风险评估今后应用的主要方向。主要有以下 4 个步骤：第一，选择要预测的疾病（病种）；第二，不断发现并确定与该疾病发生有关的危险因素；第三，应用适当的预测方法建立疾病风险预测模型；第四：验证评估模型的正确性和准确性。

疾病风险评估的方法主要有两种：第一种是建立在单一危险因素与发病率基础上的单因素加权法，即将这些单一因素与发病率的关系以相对危险性表示其强度，得出的各相关因素的加权分数即为患病的危险性。由于这种方法简单实用，不需要大量的数据分析，是健康管理发展早期的主要危险性评价方法。典型代表是哈佛癌症风险指数。

哈佛癌症风险指数是哈佛癌症风险工作小组提出的，是基于生活方式及常规体检资料的癌症风险评估模型。其公式如下：

$$RR = \frac{RR_{I1} \times RR_{I2} \times \cdots \times RR_{In}}{[P_1 \times RR_{C1} + (1-p_1) \times 1.0] \times [P_1 \times RR_{C2} + (1-P_2) \times 1.0] \times \cdots \times [P_a \times RR_{Cn} + (1-p_n) \times 1.0]}$$

其中，RR 为被预测个体患某病与其同性年龄组一般人群比较的相对风险。RR_I 指个体中存在的危险相对危险度，P 为其同性别年龄组人群中暴露于某一危险因素者的比例；RR_C 为由专家小组对某一危险因素（包括不同分层）的相对危险度达成共识的赋值。具体步骤如下：

（1）通过查阅文献确立所评估癌症的主要危险因素及相对危险度。选取资料时尽可能选用基于我国人群的研究、大样本的重大项目研究，并参考国外相关研究资料决定。

（2）预测个体发病的相对危险度：根据上述公式计算出个体患病的相对风险。用个体患病的相对风险与其同性别年龄组一般人群比较，根据哈佛癌症风险指数工作小组制定的从显著低于一般人群到显著高于一般人群 5 个等级标准（见表 1-5），确定个体的危险等级。

（3）计算个体患病的绝对风险：相对风险乘以同性别年龄组一般人群某病的发病率，即可算出个体患病的绝对风险值。

我国学者依据近 20 年来我国肺癌流行病学资料，运用哈佛癌症风险指数建立了肺癌发病评估方法，如一名男性，46 岁，每天吸卷烟 16 支，吸烟 26 年，无职业性粉尘接触史，生活在北京，无糖尿病，每日蔬菜水果摄入超过 400g。哈佛癌症风险指数计算公式所需的相应值见表 1-6，其中我国肺癌发病危险因素及相对危

表 1-5　被预测个体与同性别年龄组一般人群患者风险比较

相对风险	风险水平
0-	显著低于一般人群
0.5-	低于一般人群
0.9-	相当于一般人群
1.1-	高于一般人群
2.0-	显著高于一般人群

险度（RR_C），是依据近 20 年来我国肺癌流行病学资料，经讨论达成共识的赋值；P 是同性别年龄组人群上各危险因素的暴露比例；RR_I 是该个体存在的危险因素的相对危险度。

$$RR = \frac{RR_{I1} \times RR_{I2} \times \cdots \times RR_{In}}{[P_1 \times RR_{C1} + (1-p_1) \times 1.0] \times [P_1 \times RR_{C2} + (1-P_2) \times 1.0] \times \cdots \times [P_a \times RR_{Cn} + (1-p_n) \times 1.0]}$$

$$= \frac{5.8 \times 1.3}{[0.014 \times 2.0 + (1-0.014)] \times [0.07 \times 1.8 + (1-0.07)] \times [0.11 \times 2.6 + (1-0.11)] \times [0.14 \times 4.2 + (1-0.14)] \times [0.16 \times 5.8 + (1-0.16)] \times [0.12 \times 8.0 + (1-0.12)] \times [0.05 \times 4.6 + (1-0.05)] \times [0.14 \times 1.3 + (1-0.14)] \times [0.12 \times 1.6 + (1-0.12)] \times [0.04 \times 2.6 + (1-0.04)] \times [0.04 \times 2.4 + (1-0.04)] \times [0.06 \times 2.0 + (1-0.06)] \times [0.56 \times 1.4 + (1-0.56)]}$$

$$= \frac{7.54}{11.3976}$$

$$= 0.66$$

表示该男性肺癌发病风险为同性别同年龄组一般人群的 0.66 倍，按表 1-5 哈佛癌症风险指数工作小组制定的标准，该男性肺癌发病风险低于一般人群。我国男性该年龄组一般人群肺癌发病率为 32/10 万，其今后 5 年肺癌发病的绝对危险为：$5 \times 0.66 \times 32/10^5 = 105.6/10^5$。但应考虑肺癌发病风险随年龄增加而增加，评估值应用该年龄段的增长率较正。该年龄段每年肺癌发病率增加 10%，因此，该男性 5 年肺癌发病的绝对风险为：$105.6/10^5 \times (1+10\%)^5 = 0.170\%$。

其中吸烟是可改变的危险因素。若该男性戒烟，则其肺癌的相对风险可降到一般人群的 $0.66 \times 2.0/5.8 = 0.22$ 倍，今后 5 年内肺癌发病风险可降为 0.057%，即可降低约 2/3。

表1-6　　　该男性计算哈佛癌症风险指数所需的相应值

危险因素	RR_1	RR_c	相应危险因素人群暴露率（%）
吸烟			
已戒烟	1.0	2.0	0.01
吸烟指数<100	1.0	1.8	0.07
吸烟指数≤199	1.0	2.6	0.11
吸烟指数≤299	1.0	4.2	0.14
吸烟指数≤399	5.8	5.8	0.16
吸烟指数≥400	1.0	8.0	0.12
吸烟斗或早烟	1.0	4.6	0.05
空气城市污染（大城市生活）	1.3	1.3	0.14
肺癌家庭史	1.0	1.6	0.12
既往病史	—	—	—
肺结核史	1.0	2.6	0.04
慢性支气管炎史	1.0	2.4	0.04
肺炎病史	1.0	2.0	0.06
蔬菜水果摄入<400g/d	1.0	1.4	0.56

　　第二种方法是建立在多因素数理分析基础上的多因素之间的关系模型。所采用的数理方法除常见的多元回归（logistic回归和Cox回归）外，还有基于模糊数学的神经网络方法，它是在前瞻性队列研究的基础上建立的。国际上最有影响的是美国20世纪40年代末开展的弗莱明翰心血管病发病预测研究，60年代起美国国立心肺和血液研究所在弗莱明翰心血管病发病预测模型研究的基础上，相继开发了用于评估缺血性心血管病及脑卒中发病危险的数学预测模型，1998年又成功开发了更接近临床实际的缺血性心血管病10年发病危险评估工具。但我国人群的流行病

学特点与美国等国外的结果并不一致，我国研究人员研究开发了适合我国人群的缺血性心血管病预测模型。其步骤如下：

第一步：根据个体各危险因素水平从评分表中查出不同危险分值（见表1-7）。

第二步：对所有危险因素分值求和。

第三步：查表得出对应于危险因素总分的10年缺血性心血管病发病绝对危险。

第四步：与该个体同年龄组的平均危险和最低危险比较，求得该个体10年缺血性心血管病发病的绝对危险净增值和相对危险度。

示例如下：一个年龄50岁的男性，血压150/90mmHg，体重指数25kg/m²。血清总胆固醇210mg/dl，吸烟，无糖尿病。试评估该个体10年缺血性心血管病发病危险。

第一步：从表中查得年龄50岁=3分，SBP150mmHg=2分，BMI 25kg/m²=1分，TC 210mg/dl=1分，吸烟=2分，无糖尿病=0分。

第二步：对评分求和：3+2+1+1+2+0=9分。

第三步：从表中查得与9分相对应的10年发生缺血性心血管病的绝对危险为7.3%。

第四步：该个体与同年龄组人群平均危险相比的发病绝对危险净增值为7.3%-2.6%=4.7%。

该个体与同年龄组人群平均危险相比的发病相对危险度为7.3%/2.6%=2.8。

该个体与同年龄组人群最低危险相比的发病绝对危险净增值为7.3%-0.7%=6.6%。

该个体与同年龄组人群最低危险相比的发病相对危险度为7.3%/0.7%=10.4。

另外尚可采用彩色方格的方法制定危险评估图，按评估危险因素的不同分类定义危险水平，在方格图中用不同颜色表示不同危险因素组合的发病绝对危险（10年发病概率），是较上述评分表法更便于临床应用的一种简易评估工具。我国根据缺血性心血管病事件10年发病危险预测模型，按性别、有无糖尿病、是否吸烟、年龄、TC和SBP等危险因素的不同分类定义危险水平，在方格图中用不同颜色表示不同的风险水平绘制了缺血性心血管病事件10年发病危险评估图，根据危险因素的组合在表格中所对应的位置可以很快查出发病危险。评估结果分为5个等级，即<5%为极低度危险，5%~10%为低度危险10%~20%为中度危险，20%~40%为高度危险，≥40%为极高度危险。

以上关于健康风险评估的方法目前还在验证研究中，虽然还不成熟，但可以作为临床和防治工作中的参考。

表 1-7　　　　缺血性心血管病（ICVD）10 年发病危险度评估表

第一步：评分
（男）

年龄	得分	收缩压	得分	体重指数	得分	总胆固醇	得分	吸烟	得分	糖尿病	得分
35~39	0	<120	-2	<24	0	<200	0	否	0	否	0
40~44	1	120~129	0	24~27.9	1	≥200	1	是	2	是	1
45~49	2	130~139	1	≥28	2						
50~54	3	140~159	2								
55~59	4	160~179	5								
≥60 岁．每增加 5 岁加 1 分		≥180	8								

（女）

年龄	得分	收缩压	得分	体重指数	得分	总胆固醇	得分	吸烟	得分	糖尿病	得分
35~39	0	<120	-2	<24	0	<200	0	否	0	否	0
40~44	1	120~129	0	24~27.9	1	≥200	1	是	1	是	2
45~49	2	130~139	1	≥28	2						
50~54	3	140~159	2								
55~59	4	160~179	5								
≥60 岁．每增加 5 岁加 1 分		≥180	8								

第二步：求和

危险因素得分	年龄	收缩压	体重指数	总胆固醇	吸烟	糖尿病	总计

第三步：查绝对危险

（男）　10 年 ICVD 绝对危险参考标准　　　　（女）　10 年 ICVD 绝对危险参考标准

年龄	35~39	40~44	45~49	50~54	55~59	年龄	35~39	40~44	45~49	50~54	55~59
平均危险	1.0	1.4	1.9	2.6	3.6	平均危险	0.3	0.4	0.6	0.9	1.4
最低危险	0.3	0.4	0.5	0.7	1.0	最低危险	0.1	0.1	0.2	0.3	0.5

（男）

总分	≤-1	0	1	2	3	4	5	6	7	8	9	10	11	12	13	14	15	16	≥17
10年ICVD绝对危险	0.3	0.5	0.6	0.8	1.1	1.5	2.1	2.9	3.9	5.4	7.3	9.7	12.8	16.8	21.7	27.7	35.3	44.3	≥52.6

（女）

总分	-2	-1	0	1	2	3	4	5	6	7	8	9	10	11	12	≥13
10年ICVD绝对危险	0.1	0.2	0.2	0.3	0.5	0.8	1.2	2.8	2.8	4.4	6.8	10.8	15.6	23.0	32.7	43.1

第四节 员工健康管理的主要业务模式及分类管理策略

健康管理的业务模式和策略主要和企业的经营理念、健康需求及资源配置等因素有关。本节主要分析当前员工健康管理的业务模式，并针对企业中不同人群的特点，提出相应的健康管理策略。

一、员工健康管理的业务模式

如何保障企业员工健康，调动员工工作积极性，提高劳动生产率，是保障企业健康发展和社会经济稳定的关键。当前的国际国内对员工健康管理的业务模式主要可以概括为三种。

（一）员工健康管理外包模式

员工健康管理外包模式是企业将员工健康管理项目外包给专业的健康管理机构，由外部具有医疗或健康管理等专业背景的机构提供员工健康管理。这种模式在企业员工人数不多的情况下比较适用。外设模式的优点在于有利于保护健康隐私，专业水平较高，服务周到细致，能够采用最新的信息与技术，员工信任度高；缺点是费用较高，及时性较差。

（二）员工健康管理内设模式

员工健康管理内设模式指企业自行设置员工健康管理的专职部门，聘请专职健康管理师或接受过健康管理培训的医务背景人员来策划实施员工健康管理。由企业职工医院或者人力资源部门是实施内设模式中的可能选择，国内大多企业职工医院本就承担职工健康体检和一些健康教育的任务，部分人力资源部正在实施员工帮助计划，在此基础上进行相应的改进和功能拓展，通过成立专门机构，聘用专职人员，向员工提供直接或间接的健康管理服务。员工健康管理内设模式的优点是有较强的针对性，经济性好，能够及时为员工提供健康管理服务。缺点是专业水平不足，员工信任度较低。

（三）员工健康管理共建模式

员工健康管理共建模式也可称为外包、内设并举模式，是指企业在原来不甚完善的内设式员工健康管理的基础之上，与外部其他专业健康管理机构合作，共同为本企业员工提供健康管理服务。该模式能够一定程度上减轻企业内部健康管理人员的压力，提高员工健康管理水平，减少企业经济支出，充分发挥企业内部和外部专业健康管理机构的优势。

二、不同人群的健康管理策略

员工生理特征及在企业内承担的工作决定了其身心健康状况，不同的群体有不同的健康管理需求。一般而言,可根据工作性质将企业内的员工分普通员工、高级管理及技术人员、离退休人员等三类人群,针对不同人群采用不同的健康管理策略。

(一) 普通员工健康管理

普通员工健康管理通常是相对薄弱的环节。普通员工在健康方面的特点可以归纳为:健康意识比较薄弱,健康观念相对落后,在健康管理过程中受到的重视程度不够。普通员工的健康管理重点主要为定期为员工进行健康体检;为员工建立完整的健康档案,时刻关注员工的健康变化趋势;及时为员工作出健康评估,调整健康计划;采取全方位的健康干预措施,包括定期为员工举办健康知识讲座,普及健康保健知识;在工作时间为员工提供营养合理的工作餐,保证员工的饮食营养健康;开展适度的员工体育运动与竞赛,调动员工参加体育运动锻炼的积极性;鼓励员工戒烟等健康行为;为员工建立上下级之间畅通的信息沟通渠道等。

(二) 高级管理及技术人员健康管理

高级管理及技术人员,是指企业中层以上领导及高级技术人员,是企业最为核心的人力资源。企业应为这一部分人群提供更完善、更高端的健康管理服务。高级管理及技术人员的特点为:生活不规律,工作节奏紧张,精神压力大,体育锻炼严重不足,导致他们身体老化速度加快,心脑血管疾病等老年病呈现年轻化趋势,与普通员工相比健康形势更为严峻。健康管理重点是:根据高级管理及技术人员的健康状况以及家庭、心理等方面综合因素,配备专兼职的健康管家,同时组织专家型的健康管理团队进行咨询指导。

(三) 离退休人员健康管理

离退休人员在多数企业一直呈增长的趋势,很多企业为节省开支,未将离退休人员这一人群列入企业员工健康管理的范畴。事实上,离退休人员的健康管理应该是关注的重点之一。离退休人员的健康特点为:生理机能,应激能力和心理承受能力都有所降低,但健康意识相对较强,更加注重自身的健康。离退休人员的健康管理重点是:以提高生活质量和社会适应力为基础,加强老年医疗保健康复工作与老年健康教育,做到老有所养,老有所医,老有所乐,达到健康长寿的目的。

另外随着妇女地位的提高及社会责任的加重,双份(职业和家务)劳动使女员工长期处于慢性疲劳状态之中,其健康更容易受到各种不良因素的摧残,针对这一人群进行健康管理任重而道远。女员工的健康管理重点为:针对女员工常见健康危险因素,进行相应的体检及健康指导;根据其经、孕、胎、产、哺不同阶段的特殊生理病理改变作全方位的健康计划,并进行全方位的健康跟踪及指导;为女员工开展适合的体育活动等。

第五节 员工健康档案管理

员工健康档案记录与员工健康有关的资料，包括个体生物、心理、行为学基本特征以及问题形成、进展、处理和转归的记录，也包括健康检查记录。

由于我国目前卫生服务模式多样化，即使同一单位员工因身份的不同也可能有多种就医模式，给员工健康档案的建立和管理工作带来一定的困难，健康管理人员应因时制宜、因地制宜，积极为员工建立健康档案。

员工健康档案的建立可在员工咨询或就诊时建档，然后通过临床接触和家访，逐步完善个体健康档案，也可由健康管理人员在一段时间内访问所有员工，对每一个员工及整个家庭作一次全面评价，收集个体及其家庭的基础资料，后者可能会耗费较多的人力、物力和时间，但却是健康管理人员能在短期内全面了解员工及其家庭健康状况的最佳途径，也是一次发现和解决潜在的个体及其家庭健康问题的良好机会。

健康档案建立过程中应遵循以下原则：

（1）逐步完善的原则。员工健康档案中的内容，有些是可以通过短期观察和了解就可作出定论，如家庭环境、家庭成员的基本情况。而有些问题则比较复杂，只有通过长期的观察、分析、综合，才能作出全面、正确的判断，如社会适应状态、家庭关系印象、人格特征等。

（2）资料收集前瞻性原则。健康档案记录的重点应是过去曾经影响、目前仍在影响、将来还会影响员工及家庭健康的问题及其影响因素。档案资料的重要性，有时并非目前都能认识到的，它随着员工或家庭所面临问题的变化而变化。因此，在描述某一问题时，应遵循前瞻性原则，注意收集与问题密切相关信息资料，并及时更新和保存，增加健康档案的参考价值。

（3）基本项目动态性原则。健康档案所列出的基本项目，尚不能包含影响到员工或家庭健康的全部资料，在应用中必须对一些不切实际或已经发生变迁的资料进行及时更新、补充。

（4）客观性和准确性原则。健康档案资料的客观性和准确性是其长期保存、反复使用的价值所在。在收集资料时，健康管理人员要以严肃、认真、科学的态度规范操作。

（5）保密性原则。员工健康档案中可能涉及个人的隐私问题，应充分保障当事人的权利和要求，不得以任何形式向无关人员泄露。

第六节 员工健康管理的注意事项

怎样的员工健康管理体系才能更有利于员工与企业的共同发展？怎样才能解决企业与员工在健康问题上的困扰？员工健康管理体系是否有效的判断标准是什么？在设计员工健康管理体系时，应遵循以下设计思路：

一、充分认识健康管理的重要性

人力资源是企业最基本、最重要的资源，是企业生存、发展的根本，而健康是人力资源能够充分发挥作用的基本保证之一。从这个意义上讲，健康管理的产生是人力资源管理的一次革命。在21世纪更加严峻的竞争环境下，企业应该更加关注员工健康，将健康管理提高到企业管理的层面，真正做到以人为本。尤其是企业的高层领导，应该充分认识健康管理，并结合本企业的实际情况灵活运用，达到提升员工健康水平，提高工作效率，降低医疗费用，增强企业凝聚力等作用。建议企业采取以下措施，积极推进健康管理：

(一) 加强健康管理支持体系的建设

主要是组建员工健康管理机构、健康管理制度的完善、健康管理人员的培训及健康体检水平的提高。

有效的员工健康管理机构是提供高质量健康管理服务的保证。目前多数企业的健康管理职能不仅不完善，而且分散在不同机构，各行其事，没有形成合力，应形成较为专业的健康管理机构为员工提供服务。工作职责主要为拟订健康管理制度；拟订健康管理规划；制定健康管理年度计划；组织员工健康体检；负责员工健康档案管理及健康评估；负责员工健康干预措施的实施等。

完善的健康管理制度有利于健康管理的规范实施。企业可通过制度将员工健康管理体系的各个环节串联起来，使企业的健康管理真正制度化、规范化。尤为重要的是建立健康监控和奖励机制，对员工健康管理是否有效进行定期监控，掌握其动态变化，并为有效执行健康管理的员工给予奖励。

健康管理人员是否胜任是企业健康管理的关键。现有的人力资源部门和职工医院的人员绝大多数没有经过健康管理的系统培训，难以胜任健康管理的工作，必须通过培训等手段提高健康管理人员的水平。而且健康管理是一门新兴的综合学科，发展十分迅速，需要不断了解健康管理学科发展动态，不断接受新理念新技术的再教育，跟上健康管理的新形势。

健康体检水平的提高是企业健康管理的基础。健康体检是健康管理的基础工作，是每个员工健康管理的最基本的数据来源，要求健康体检所收集的数据要具有真实性、系统性和全面性。体检除了系统的物理体格检查、多项实验室检测、各种仪器的检查等医学检测方法外，还要不断完善问卷调查、基本心理及体能测验。由于每位员工对健康体检的理解和需求不同，要求对每位健康体检者做到健康体检时项目的设置既全面又不过度是比较困难的，这就要求不断充实、改进和完善体检项目，既不可千篇一律，要考虑到年龄、性别等因素，又要有效避免漏检，最终制定符合员工健康体检的个性化需求，又符合卫生经济的健康体检项目。具备条件的企业和专业健康管理机构应建立和实施健康体检质量管理体系，规范健康体检质量。将健康体检全程中复杂的程序简单化，将简单的程序流程化，来提高健康体检的质量、效率和效益。

（二）健康管理的经费支持

企业要开展较为完善的健康管理，需要有一定的经费支持。首先是健康管理硬件条件的改善。包括体检环境（含房屋、设备等）的及时更新、员工活动中心的修缮等；其次是员工的年度健康体检费用、健康工作餐及带薪休假费用等，按现在中国体检的标准，人均每年花费200~400元较为合理，健康工作餐在8~30元相对合适；再次是健康管理人员薪酬、培训费用、健康教育等相关费用；最后是对健康员工进行激励，建议企业可设立健康专项奖励项目如"健康员工奖"，对坚持健康体检、坚持健康生活方式等健康管理措施的员工按年度给予奖励。

（三）企业领导带头示范

企业高层领导除对员工健康问题重视外，还应身体力行。如果企业高层领导自身健康状况不佳，或带头违反健康管理方面的规定，那么健康管理很难在该企业推行下去。可喜的是，我国部分企业高层领导已经认识到健康及健康管理的重要性，并开始管理自身健康。若企业领导能够进一步发挥示范作用，坚持健康体检，带头戒除不良生活习惯如戒烟等，发挥锻炼特长如游泳、羽毛球、篮球等并组建各种运动协会等，必能取得更好的健康管理效果。

（四）加强流行病学在健康管理中的应用

流行病学作为一种方法学，应用较为广泛，健康管理也不例外的与流行病学有着较为密切的联系。科学的健康管理决策取决于健康管理者能否准确地收集资料，准确地进行健康风险评估，进而提出合理的健康干预措施，并进一步评价干预效果，健康管理者如果不能有效地把握以上几点，那么作出的决策必定是盲目的，甚至是错误的。

因此企业在进行健康管理时，有必要加强流行病学的应用，将流行病学的理论和方法贯穿于健康管理的全过程尤其是在实施健康干预后，可采用流行病学的干预性研究的研究方法，通过企业自身前后对照来进行效果评价。

二、正确对待健康管理可能遇到的阻力

在健康管理的实际操作过程中，不可避免地会碰到各种各样的阻力，需要在正

确认识健康管理的基础上协调各方面的关系,确保健康管理的有序进行。

(一) 与企业工作的时间矛盾

现在部分企业的科研生产经营任务相当繁重,不仅上班时间几无闲暇,而且经常加班加点。如此工作与健康管理可能会产生时间上的冲突,可能会有部分员工会片面地忙于工作而忽视了健康,甚或部分领导也会不停地对员工施加完成任务的压力,而无视健康管理的存在,这是健康管理实施过程中可能遇到的主要阻力之一,这就要求企业领导、中层领导及员工要树立员工健康是企业可持续发展的因素之一的思想观念,要在工作与健康中找到平衡点。

(二) 与企业员工错误健康观念的冲突

健康观念是指个人所具有的健康意识、健康知识和健康能力的反映。部分员工可能健康观念较差,缺乏普通的健康知识,不了解自己的健康状况,不知道如何改善自己的健康,应着重更新他们的健康观念。

(三) 健康管理需要持之以恒

应该强调的是,健康管理不是一蹴而就,在短时间能够取得明显成效的,而是一个长期的、连续不断的、周而复始的过程。即在实施健康干预措施一定时间后,需要持续评价效果、调整计划和干预措施,需要所有员工充分认识到健康的重要性,持之以恒地进行自我健康管理,才能达到健康管理的预期效果。

(田 橙 王和友 胡予楠)

第二章 健康体检

健康体检（或健康检查）是指用于个体和群体健康状况评价与疾病风险预测、预警及早期筛查的一种医学行为、方法与过程。健康体检是开展健康管理的前提和基本手段，通过健康体检可以了解自身健康状况，能够早期发现影响健康的危险因素及疾病，观察身体多项功能反应，以便及时进行健康干预，纠正不良生活方式的影响，终止疾病的发生发展，收到事半功倍的效果。

应间隔多长时间进行一次健康体检比较合适？一般来说，14岁以下的儿童，因生长发育较快，需每年做一次体检，可发现生长发育是否正常、有无营养过剩或营养不良、有无先天性疾病等；青年人（14~44岁）每两年检查一次比较合适；中年人（45~59岁）应每年体检一次，可及时发现冠心病、高血压、脂肪肝、癌肿等疾病先兆，以便早预防和早治疗；年轻老年人（60~74岁）半年检查一次较为合适，75岁以上的老年人根据实际情况灵活掌握。35岁以上女性应每半年做一次妇科检查，重点放在妇科肿瘤筛查，因子宫肌瘤、卵巢肿瘤早期几乎是没有症状的。另可增加女性激素水平检查，了解是否到达更年期、围绝经期或绝经期。

制定方案时应根据所处的环境和习惯，增加必要的项目。从事有毒有害职业的工作人员，增加相应的职业病体检项目；长期处在充满灰尘的地方，需要做肺功能检查；靠近机场或充满噪音的地方居住，要注意检查听力。同时注意自己的病史，列出追踪项目。有乙型或丙型肝炎、肺结核等疾病的患者，应主动告知医护人员，增加相关项目，追踪复检。家族病史具有高遗传倾向的，应安排相关的检查，例如母亲或姐妹有乳腺癌的女性，罹患乳腺病的几率是一般女性的2倍，应及早做乳房检查。其他如高血压、糖尿病、珠蛋白生成障碍性贫血（地中海贫血）或直肠癌也都有家族遗传，应安排相关的检查。

目前健康体检的误区是：1. 不根据体检对象的年龄、既往史等差异，千篇一律地进行相同的体检项目。2. 为了省钱仅选择常规检查项目中几个项目进行检查，检查出来的结果不能完全反映出整个身体状况。3. 片面地追求体检项目全面和采用高新设备，浪费大量医疗资源。正确的做法是根据个人的实际情况设计个性化健康体检方案，受检者在体检之前将个人有关情况详细向医生说明，医生进行综合分析之后，根据受检者的身体状况"量体裁衣"，制定既符合受检者实际又比较经济实惠的个性化方案。

体检项目一般可分八步完成，特殊项目需专门预约后按指定时间体检。一般步骤为：

第一步：咨询、登记后选定体检项目，约定体检时间
第二步：领取健康体检表及各项检查单
第三步：空腹检查项目：如抽血、B超等
第四步：早餐
第五步：餐后其它项目检查（可不分先后顺序）
第六步：检查完毕将健康体检表交回
第七步：领取健康体检表及体检结果
第八步：咨询并接受健康指导

第一节 体检前的准备工作及注意事项

1. 检查前三天保持正常饮食，勿饮酒，体检前日勿食夜宵，体检当日早晨应禁食、禁水。刻意的清淡饮食或者暴饮暴食均会对血脂、肝功能等化验结果产生偏差，不能正确反映受检者的实际状况。需做大便检查者，勿食猪肝、猪血、鸭血等食物。

2. 糖尿病、高血压、心脏病、哮喘等慢性疾病患者，请将平时服用的药物携带备用，受检日一般不要停药。采血虽要求空腹，但对慢性病患者服药应区别对待。如高血压病患者每日清晨服降压药，是保持血压稳定之所必须，贸然停药或推迟服药会引起血压骤升，发生危险。按常规服药后再测血压，体检医生也可对目前的降压方案进行评价，且服少量降压药对化验的影响是轻微的，可以忽略不计。对糖尿病或其他慢性病患者，也应在采血后及时服药，不可因体检而干扰常规治疗。如有发热等急性病症，应去医院就诊，体检另行安排。

3. 体检当日按时到达医院，最好早上7：30—8：30采空腹血，最迟不宜超过9：00，太晚会因为体内内分泌的影响，使部分化验结果失真。进行膀胱、前列腺、妇科B超检查，应保持膀胱充盈（早晨憋尿）。

4. 按预定项目逐科、逐项检查，不要漏检，以免影响健康评估。体检设定的检查项目，既有反映身体健康状况的基本项目，也包括一些针对恶性疾病和常见疾病的特殊检查项目。有些检查对疾病的早期发现有特殊意义，如肛门指诊检查对40岁以上受检者直肠肿物的发现尤为重要。

5. 注意病史陈述。重要疾病病史是体检医生判定受检者健康现状的重要参考依据，要力求客观、准确。例如，医生必须搞清楚高血压患者的发病时间、治疗过程、用药情况等关键问题，才能有针对性地提出进一步的治疗意见，包括调整用药品种、增减用药剂量等，从而达到健康干预的良好效果。有的受检者认为疾病只能

靠先进仪器查出来,这样做往往事与愿违,对健康的整体评估和后期干预造成影响。

6. 检查血压时应安静休息 5 分钟以上,以消除体力活动与精神紧张因素对血压的影响。对明显紧张或运动后未充分休息者,应缓测血压。

7. 尿液一般留取清晨首次尿为好,可获得较多信息,如蛋白、细胞和管型等,若随机留取的尿液以留取中段尿为好。留取标本的容器要清洁,避免污染。粪便留取不得混有尿液和其他物质,用干燥清洁的容器送检。

8. 女士应特别注意:怀孕或可能已受孕者,请预先告知医护人员,勿做 X 光及宫颈涂片检查;妇科检查或腔内妇科 B 超检查仅限于已婚或有性生活者,妇检排空小便,检查前一天勿同房,前三天勿使用阴道栓剂;月经期间勿留取尿液或做宫颈涂片检查,待经期结束后补检;着装应宽松方便,勿佩戴项链,不要穿连衣裙、连裤袜等,文胸不要带钢托,不要穿金属亮片的内衣。

第二节 体格检查

由于健康体检多数是无躯体症状者,在体检的过程中与体检医师较少有语言上的交流,这与临床医学诊疗过程有较大不同,这就要求体检人员在体检过程中做到:(1)应做的体检项目必须做到;(2)在做不易暴露部位检查或使体检者感到不适的检查时,应与体检者有言语的交流;(3)加强对重点可疑病例的追踪;(4)体检医师的检查手法要准确。

一、一般检查

是对受检者全身状态的概括性观察,主要包括性别、年龄、身高、体重、血压、发育与营养状态、面容与表情、步态等。以视诊为主,配合问诊、触诊、听诊和嗅诊进行检查。

(一)身高与体重、腰围测量

检查方法:检查身高时受检者脱鞋,立正姿势站于身高计平板上,枕部、臀部、足跟三点紧靠标尺,头正,两眼平视,身高计水平尺紧贴头顶,以厘米(cm)为单位记录。检查体重前应将体重计校正到零点,受检者应脱去上衣外套,自然平稳地站立于体重计踏板中央,防止摇晃或施压,以公斤(kg)为单位记录。腰围测量方法:受测者腰部暴露,腹部放松站立,双臂垂于两侧,双脚分开 30~40cm。用无弹性,最小刻度为厘米的软尺,放在腋中线胯骨上缘与第十二肋骨下缘的中线,沿水平方向围绕腹部 1 周,紧贴而不迫皮肤,在正常呼气末测量腰围的长度。

检查意义:通过身高体重的测量,即可计算体重质量指数(体重质量指数(BMI)=体重(kg)/身高的平方(m^2)),按我国制定的标准,BMI 大于 28 即为肥胖症，低于 18.5 为体重过轻，最理想的体重指数是 22。另中国男性腰围≥85 厘米，女性腰围≥80 厘米为腹部肥胖标准。

（二）血压测量

检查方法：选用符合计量标准的汞柱式血压计，水银柱液面应与零点平齐。受检者取坐位，右上肢裸露伸直并轻度外展放在桌面上，肘部与心脏同高。臂下可放棉垫支撑，手掌向上，袖带（成人袖带一般宽 12～13CM）平整缚于右上臂，不可过紧或过松，使袖带气囊中部对准肱动脉部位，袖带下缘在肘窝上 2～3cm 处。将听诊器胸件放在肱动脉搏动最明显处，但不应插入袖带下，压力适度，用右手向气囊内注气。袖带充压至肱动脉搏动消失后再升高 20～30mm Hg，然后放气，使水银柱缓慢下降，放气速度约为 2mm Hg/s。听到的第 1 次声响的汞柱数值为收缩压，声音消失时的汞柱数值为舒张压。收缩压与舒张压之差值为脉压，舒张压加 1/3 脉压为平均动脉压。血压读数取水银液面顶端，平视刻度值，且尾数只能取为偶数，记录单位为 mm Hg。

检查意义：

1. 高血压。血压测量受多种因素影响，如情绪激动、紧张、运动等；若在安静、清醒的条件下采用标准测量方法，至少三次非同日的收缩压值达到 140mm Hg 或者舒张压达到 90mm Hg，即可认为有高血压。鉴于体检多为当日单次血压，即使收缩压值达到 140mm Hg 或者舒张压达到 90mm Hg，若受检者无高血压病史，尚不能下高血压的结论，仅可提示受检者血压升高，需进一步复查。

2. 低血压。凡血压低于 90/60mm Hg 时可称为低血压，持续低血压状态多见于严重病症，如休克、急性心脏压塞、心肌梗死等。体检时低血压多与体质有关，受检者一贯血压偏低。

3. 其他改变。脉压明显增大，见于甲状腺功能亢进、动脉硬化及主动脉关闭不全等；脉压减小见于主动脉瓣狭窄、心包积液及严重心力衰竭等。另双上肢血压差别显著（超过 10mm Hg）见于大动脉炎及先天性动脉畸形；上下肢血压差异常（下肢血压低于上肢）需考虑主动脉缩窄、胸腹主动脉型大动脉炎等。

另有多次检查血压波动大、怀疑白大衣高血压、有低血压症状、既往降压治疗效果欠佳者，可考虑增加动态血压监测检查，记录受检者 24 小时血压。一般设白昼时间为 6AM 至 10PM，每 20 分钟测量一次血压；晚上为 10PM 至次日 6AM，每 30 分钟测量一次。目前参考标准多为：24 小时平均血压小于 130/80mm Hg，白昼平均血压小于 135/85mm Hg，夜间平均血压小于 125/75mm Hg。白昼血压有两个高峰，分别在上午 8～10 点之间和下午 4～6 点之间，夜间血压较白昼血压下降 10% 呈构型，为正常昼夜节律。

二、内科检查

(一) 病史搜集

含既往病史、个人史、家族史、不适症状,应按系统顺序,边查边问,重点询问有无经正规医院确诊的慢性病、精神疾病及传染病史,目前用药情况及治疗效果等。

(二) 心脏检查

检查方法:含视诊、触诊、叩诊、听诊,以叩诊及听诊为主。受检者取平卧位,在安静状态下进行。二尖瓣区有可疑病理性杂音时,可取左侧卧位。

检查内容:视诊主要观察心前区外形有无隆起与凹陷,心尖搏动的位置、强度、范围、有无移位和负性心尖搏动等,同时还应注意观察受检者一般情况,注意有无发绀、苍白、杵状指、生长发育异常等。

触诊注意心尖搏动的位置、范围、强弱及有无震颤,有无心包摩擦感。

叩诊采用指指叩诊法,沿肋间先左后右、由外向内、自上而下为序进行,以确定心脏大小和形状。心界扩大者应进行测量,用尺测量不得随胸壁弯曲,应取其直线距离。

听诊按二尖瓣区、肺动脉瓣区、主动脉瓣区、主动脉瓣第二听诊区、三尖瓣区的顺序进行,听诊内容包括心率、节律、心音、杂音及心包摩擦音等。

检查意义:正常人前胸对称,心尖搏动位于第五肋间左锁骨中线 0.5~1.0cm,搏动范围以直径计算 2.0~2.5cm。无震颤及心包摩擦感,心界大小正常,心率 60~100 次/分,心律规则,无异常心音及病理性杂音。否则,可初步判断存在心脏疾患的可能,结合心电图及 X 线等检查进一步明确诊断。

(三) 肺部检查

检查方法:受检者取坐位或仰卧位。主要检查方式为视诊、叩诊、听诊,以听诊为主,一般先检查前胸部及两侧胸部,然后检查背部。

检查内容:视诊主要观察胸廓是否对称、有无畸形,呼吸频率及呼吸运动是否均匀一致,胸部皮肤有无静脉曲张、压痛等。

叩诊与听诊自肺尖开始,由上而下,先胸后背,上下左右对称部位比较。注意呼吸音的强弱,有无干、湿啰音及胸膜摩擦音等。

检查意义:正常人胸廓两侧大致对称,呈椭圆形,静息状态下呼吸运动稳定而有节律,呼吸频率 16~18 次/分,呼吸与脉搏之比为 1∶4,正常肺的清音区如果出现浊音、实音、过清音或鼓音,或出现异常呼吸音、啰音及胸膜摩擦音等,提示肺、胸、膈或胸壁的病理改变。

(四) 腹部检查

检查方法:受检者取仰卧位,双腿屈起并稍分开,双手自然置于两侧,腹肌放松，做平静腹式呼吸。主要检查方式为望诊、触诊，以触诊为主。

检查内容：望诊自上而下观察腹部有无膨隆、凹陷、有无腹壁静脉曲张、皮疹、疝等。

触诊时检查者站立于受检者右侧，用右手以轻柔动作按顺序触诊腹的各部。检查一般从左下腹开始，按逆时针方向顺序进行，浅部触诊注意腹壁的紧张度以及包块等。触到包块时需注意其位置、大小、形态、质地、有无压痛、搏动以及活动度情况，注意将正常情况与病理性包块区别开来。了解腹腔内脏器状况、检查压痛、反跳痛等进行深部触诊。

检查肝脏在右锁骨中线上由脐右侧开始，嘱受检者深呼吸，当呼气时，指端压向深部；吸气时，手指从前上迎触下移的肝缘，如此自下而上，直至触及肝缘或肋缘为止。随后在剑突下触诊。注意肝脏大小、质地、边缘厚薄、表面光滑度，以及有无结节、压痛、肝区叩击痛等。对肝大者应注意肝上界有无移位，并分别测量肝缘与肋缘、肝缘与剑突根部的距离，注意是否伴有脾脏、淋巴结肿大及其他伴随体征，如消瘦、黄疸、腹水、水肿等。

脾脏检查多用双手触诊法。检查者左手掌置于受检者左腰部第7~10肋处，试将脾脏从后向前托起，右手掌平放于腹部，与肋弓呈垂直方向，随受检者的深呼吸，有节奏地逐渐由下向上接近左肋弓。如果脾脏增大明显，应按三线（甲乙线、甲丙线、丁戊线）测量。触及脾脏时要注意大小、边缘厚薄、硬度、有无压痛及摩擦感等。

检查意义：健康正常型成人平卧前腹面大致处于肋缘至耻骨联合平面或略低处，肥胖者呈饱满状，消瘦者呈低平状皆属正常范畴。腹壁柔软，正常触摸无疼痛，无异常包块，肝胆胰脾肾等内脏器官不大，质地正常，表面光滑，无压痛。否则提示腹部病变，可结合B超结果等作出诊断。

（五）神经系统检查

检查方法与内容：首先要观察受检者的意识状态，通过交谈了解受检者的思维、反应、情感、定向力等方面的情况。注意有无语调语态与步态异常等。必要时可进行相应的神经系统检查，包括颅神经检查、运动功能检查、感觉功能检查、神经反射检查及自主神经功能检查等。

检查意义：正常人意识清晰，定向力正常，反应敏锐精确，思维和情感活动正常，语言流畅准确，表达能力良好。若有引起大脑功能活动的疾病可引起不同程度的意识改变。语调语态发生变化见于脑血管意外、震颤麻痹、舞蹈症等，步态异常与神经系统相关的包括醉酒步态、慌张步态、剪刀步态等。神经系统检查较为繁杂，相应意义在此不再详述。

三、外科检查

(一) 病史搜集

主要记录受检者曾经做过何种重大手术或外伤史情况，名称及发生的时间，目前功能情况等。

(二) 头颅检查

观察有无颅骨缺损、凹陷、肿块、畸形等异常，头部运动是否正常，有无活动受限及头部不随意颤动等。可结合病史询问进行。

(三) 皮肤检查

皮肤体检一般通过视诊观察，有时需配合触诊。主要观察有无皮肤颜色改变，包括湿度、弹性改变，以及有无皮疹、出血点、紫癜、水肿、瘢痕、溃疡、肿物等病变。

(四) 浅表淋巴结检查

检查方法：包括视诊与触诊，主要使用触诊，并按一定顺序进行，以防遗漏，一般顺序为：耳前、耳后、乳突区、枕骨下区、颌下区、颏下区、颈后三角、颈前三角、锁骨上窝、腋窝、滑车上、腹股沟等处。

检查内容：主要检查淋巴结有无肿大，淋巴结肿大的部位、大小、数目、硬度、压痛、活动度、有无粘连，局部皮肤有无红肿等。并应注意寻找有无引起淋巴结肿大的原发病灶。

检查意义：淋巴结分布于全身，正常情况下淋巴结较小，直径在 0.2~0.5cm 之间，质地柔软，表面光滑，无粘连和压痛，如出现淋巴结肿大应根据分布分为局限性和全身性淋巴结肿大，局限性淋巴结肿大可能为非特异性淋巴结炎、淋巴结结核、恶性肿瘤转移等导致。全身性淋巴结肿大可见于急慢性淋巴结炎、传染性单核细胞增多症及血液系统恶性疾病等。

(五) 甲状腺检查

检查方法与内容：包括视诊、触诊及听诊，以触诊为主。视诊时观察甲状腺的大小和对称性，而触诊更能明确甲状腺的轮廓和病变性质。触诊时医师立于受检者背后，双手拇指放在其颈后，用其他手指从甲状腺软骨向两侧触摸；也可站在受检者面前以右手拇指和其他手指在甲状软骨两旁触诊，同时让其作吞咽动作，注意甲状腺肿大程度、对称性、硬度、表面情况（光滑或呈结节感）、压痛、局部有无震颤及血管杂音、甲状腺结节的质地、形状及活动度等。

检查意义：除生理性肿大（例如在青春期、妊娠及哺乳期可略增大）外，正常人的甲状腺是看不见和摸不到的。如果肿大，甲状腺肿大分三度：Ⅰ度，不能看出肿大但能触及者；Ⅱ度，能看到肿大又能触及，但在胸锁乳突肌以内者；Ⅲ度，超过胸锁乳突肌外缘者。常提示甲亢、单纯性甲状腺肿、甲状腺癌、甲状腺炎及甲状旁腺瘤等。

（六）乳腺检查

检查方法：包括视诊与触诊，受检者一般取坐位，触诊时双臂下垂，然后双臂高举过头部或叉腰检查，必要时也可结合仰卧位检查。

检查内容：视诊主要观察乳腺外形是否对称，是否有局限性隆起或凹陷，乳头有无回缩、糜烂或异常分泌物，乳腺皮肤有无红肿、静脉曲张、溃疡、酒窝状改变或桔皮样变。触诊检查者手指和手掌平置在乳腺上，应用指腹轻施压力，可先从左乳腺外上象限开始，顺时针方向由浅入深进行触诊，触诊检查应包括乳腺外上、外下、内下、内上四个象限及乳头共5个区，以同样方法逆时针方向检查右侧乳腺。应着重观察有无红肿热痛和包块，乳头有无硬结，弹性是否消失及有无分泌物等。男性应观察其乳腺发育情况，触诊时注意有无异常肿物。

检查意义：正常女性坐位时两侧乳房基本对称，无明显单侧增大或缩小。乳头近期无回缩，无异常分泌物，皮肤色泽正常，无红肿热痛及包块。异常情况常见于急性乳腺炎及乳腺肿瘤等。男性乳腺无发育及异常肿物，异常情况见于内分泌紊乱（如使用雌激素）及肾上腺皮质功能亢进等。

（七）脊柱、四肢关节检查

检查方法与内容：脊柱检查时受检者需充分暴露背部，观察脊柱有无侧弯、后凸或前凸、脊椎活动度、有无活动受限、压痛及叩击痛等。四肢关节检查时应充分暴露被检部位，注意双侧对比，观察四肢的外形及功能，步态，肢体活动情况，有无关节畸形或功能障碍，下肢有无水肿、静脉曲张、色素沉着或溃疡等。

检查意义：正常人直立时从侧面看脊柱存在四个生理弯曲，无侧弯、后凸及前凸，有一定活动度，无压痛及叩击痛。四肢关节左右对称，形态正常，无肿胀及压痛，活动不受限。

（八）生殖器、肛门及直肠检查

生殖器检查主要针对男性，女性生殖器检查列入妇科检查项目。

检查方法与内容：男性生殖器检查时充分暴露下身，双下肢取外展位，先检查外生殖器阴茎与阴囊，注意有无发育异常、畸形、疝、精索静脉曲张、鞘膜积液、睾丸结节、附睾结节、肿物及性病等，再检查内生殖器前列腺与精囊，被检查者取肘膝位或左侧卧位，检查者戴手套或指套，涂以润滑剂，用食指徐徐插入肛门，向腹侧触诊。

肛门视诊和直肠指诊时受检者取膝胸位，检查者以两手拇指将两侧臀部轻轻分开，观察有无肛周感染、肛裂、肛瘘、直肠脱垂及痔疮。直肠指诊检查时，嘱受检者保持肌肉松弛，避免肛门括约肌紧张，方法同上，着重注意有无直肠肿块及溃疡。指诊完毕，医师应查看指套有无血性或脓性分泌物。

检查意义：正常成年男性阴茎长约7~10cm，包皮不应掩盖尿道口。阴茎头红润,光滑无结节,尿道口黏膜红润,清洁,无分泌物。精索、睾丸、附睾无结节及硬块等。肛周无脓血,粘液,红肿疼痛及突出物,直肠内无肿物及血性脓性分泌物。异常情况见于痔瘘、肛裂、肛周直肠周围脓肿、直肠息肉及直肠癌等。

前列腺质韧而有弹性,左右两叶之间可触及正中沟,若正中沟消失,提示前列腺肥大。前列腺增大程度判定:Ⅰ度,前列腺较正常增大1.5~2倍,中央沟变浅;Ⅱ度,前列腺较正常增大2~3倍,中央沟消失;Ⅲ度,腺体增大严重,检查时手指不能触及上缘。前列腺肿大,质硬并触及坚硬结节者,多为前列腺癌。

四、妇科检查

已婚者检查外阴、阴道、宫颈、宫体、附件及分泌物性状。未婚者重点检查外阴、宫体、附件。妊娠者不做本项检查,但应在体检表中注明原由,待妊娠结束后补做上述检查方可完成体检结论。

(一) 病史搜集

主要询问月经初潮年龄、周期、出血量、持续时间、末次月经时间,有无痛经,白带性状,有无伴随症状(如外阴瘙痒、下腹疼痛、排尿异常等),有无腹痛,婚育史、手术史、肿瘤既往病史等。

(二) 检查内容与方法

外阴主要观察发育情况,有无畸形、水肿、炎症、溃疡、肿物、皮肤色泽变化和萎缩等。阴道和宫颈检查时置入阴道窥器,观察阴道前后侧壁黏膜颜色,有无瘢痕、肿块、出血;分泌物的量、性质、颜色、有无异味;观察宫颈大小、颜色、外口形状,有无糜烂、撕裂、外翻、囊肿、息肉或肿块等。

盆腔检查应做双合诊、三合诊检查,未婚者做肛诊检查。双合诊用左或右手戴橡皮手套,食、中两指涂润滑剂,轻轻沿阴道后壁进入,检查阴道畅通度和深度,有无先天性畸形、瘢痕、肿块以及有无出血;再扪触子宫颈大小、形状、硬度及颈口情况,如向上或向两侧拨动宫颈出现疼痛时称为宫颈举痛,为盆腔急性炎症或盆腔内有积血的表现。随后将阴道内两指放在宫颈后方,另一手掌心朝后手指平放在腹部平脐处,当阴道内手指向上向前抬举宫颈时,放在脐部的手指向下向后按压腹壁,并逐渐往耻骨联合移动,通过内、外手指同时分别抬举和按压,协调一致,即可触知子宫的位置、大小、形状、硬度、活动度以及有无压痛。扪清子宫后,将阴道内两指移向一侧穹隆部,如果受检者合作,两指可深达阔韧带的后方,此时另一手从同侧下腹壁髂嵴水平开始,由上往下按压腹壁,与阴道内手指相互对合,以触摸该侧子宫附件处有无肿块、增厚或压痛。如果扪及肿块,应注意其位置、大小、形状、硬度、活动度、与子宫的关系以及有无压痛等。

腹部、阴道、直肠联合检查称为三合诊。除一手之食指放入阴道、中指放入直肠以替代双合诊时阴道内的两指外,其余具体检查步骤与双合诊时相同。通过三合诊可了解后倾后屈子宫的大小，发现子宫后壁、子宫直肠陷凹、子宫骶骨韧带及双侧盆腔后壁的病变，以及扪诊阴道直肠膈、骶骨前方及直肠内有无病变等。

肛诊将一手食指伸入直肠，另一手在腹部配合，做类似三合诊方法的检查，又称为肛腹诊。

五、眼耳鼻喉与口腔检查

眼的检查包括视功能、外眼、眼前节和内眼。视功能包括视力、视野与色觉。视力检查包括裸眼视力和矫正视力。采用标准对数视力表（国家标准）进行检查，按5分记录法记录检查结果。按常规先查右眼后查左眼，分别记录右、左眼视力。采用手势对比检查法粗略确定视野或利用视野计测定视野。色觉检查采用标准色觉检查图谱，例如空军后勤部卫生部编印的《色觉检查图》等。

外眼检查主要包括眼睑有无眼睑内翻、上睑下垂、眼睑闭合不全、眼睑水肿；结膜颜色有无苍白、黄染、充血、出血、滤泡、乳头、结节、溃疡、肿块、肉芽组织增生、异物等；检查泪囊时用食指挤压泪囊部，观察有无触痛及波动感，有无脓液自泪点逆流出来或进入鼻腔；眼球运动是否正常，有无眼球突出、下陷、眼内压增高降低等。

眼前节检查包括角膜的透明度、血管翳、白斑、溃疡及先天性异常等，必要时配合裂隙灯检查；巩膜首先观察睑裂部分，然后分开上、下眼睑并嘱受检者朝各方向转动眼球，充分暴露各部分巩膜，注意有无巩膜黄染；了解前房深度和内容，必要时可应用裂隙灯或前房角镜进行详细的检查；虹膜有无色素增多或色素脱失、纹理是否清晰、虹膜表面有无炎性结节、囊肿或肿瘤，是否存在无虹膜、虹膜缺损、瞳孔残存膜等先天性异常；检查瞳孔应注意瞳孔的大小（双侧对比）、位置、形状、边缘是否整齐和对光反射情况；重点检查晶体位置是否正常、有无混浊及异物。

内眼检查包括玻璃体和眼底，需用检眼镜在暗室内进行。注意有无玻璃体混浊、出血、异物等异常；检查眼底一般先自视盘起，然后沿视网膜血管的分布检查颞上、颞下、鼻上及鼻下各个象限，最后检查黄斑区，主要注意视乳头的颜色、边缘、大小、形状、视网膜有无出血和渗出物、动脉有无硬化等。

耳部检查观察外耳有无畸形、肿胀及溃疡等，外耳道有无炎症、脓液、耵聍、肿瘤、后壁塌陷、异物堵塞等，观察鼓膜色泽及有无内陷、穿孔、溢脓等。听力检测使用耳语试验，或使用规定频率的音叉或电测听设备进行较精确的测试方法。

鼻部重点观察鼻甲有无充血、水肿、肿大、干燥及萎缩，鼻腔内有无溃疡、息肉、肿瘤、脓性分泌物，鼻中隔有无偏曲、穿孔等。

咽部主要检查口咽部，观察软腭运动、悬雍垂、舌腭弓、扁桃体及咽后壁，注意有无充血、水肿、溃疡、新生物及异常分泌物等。必要时应用间接鼻咽镜检查法检查鼻咽部。

喉部应用间接喉镜检查法检查。观察喉部有无肿物、结节，了解声带运动情况。

口腔检查观察口唇颜色，重点检查有无疱疹、口角歪斜，伸舌是否居中、有无震颤，黏膜有无溃疡、糜烂、白斑、肿块等。有无龋齿、残根、缺齿和义齿等，如发现牙齿疾患，应标明部位，牙龈是否水肿、出血、脓液及有无铅线等。舌头的感觉、运动与形态是否发生变化。检查腮腺有无肿大、有无肿物、腮腺导管开口处有无脓性分泌物等。颞下颌关节检查注意张口度（正常3～5cm）和开口型，触诊时将双手中指放在受检者两侧耳屏前方，嘱受检者做张闭口运动或做下颌前伸及侧向运动，注意两侧关节是否平衡一致，并检查关节区和关节周围肌群有无压痛、关节有无弹响及杂音。

第三节　心电图检查

心脏机械收缩之前，先产生电激动，心房和心室的电激动可经人体组织传到体表，心电图是利用心电图机从体表记录心脏每一心动周期产生电活动变化的曲线图形。

一、环境要求

（1）室内要求保持温暖（不低于18℃），以避免因寒冷而引起的肌电干扰。

（2）使用交流电源的心电图机必须接可靠的专用地线（接地电阻应低于0.5Ω）。

（3）心电图机的电源线尽可能远离诊床和导联电缆，床旁不要摆放其他电器具（不论通电否）及穿行的电源线。

（4）诊床的宽度一般不应窄于75cm，以免肢体紧张而引起肌电干扰。如果诊床的一侧靠墙，则必须确定墙内无电线穿过。

二、准备工作

（1）对初次接受心电图检查者，必须事先作好解释工作，消除紧张心理。

（2）作心电图之前受检者应经充分休息，解开上衣；在描记心电图时要放松肢体，保持平静呼吸。

（3）如果放置电极部位的皮肤有污垢或毛发过多，应预先清洁皮肤或剃毛。

（4）用导电膏（剂型分为糊剂、霜剂和溶液等）涂擦放置电极处的皮肤，而不应该只把导电膏涂在电极上。

（5）严格按照国际统一标准，准确安放常规12导联心电图电极。必要时，应加作其他胸壁导联。女性乳房下垂者应托起乳房，将 V_3、V_4、V_5 电极安放在乳房下缘胸壁上，而不应该安置在乳房上。

三、描记心电图

（1）心电图机的性能必须符合标准。若使用热笔式记录纸，其热敏感性和储存性应符合标准。单通道记录纸的可记录范围不窄于 40mm。

（2）在记录纸上注明日期、姓名，并标明导联。

（3）按照心电图机使用说明进行操作，常规心电图应包括肢体的Ⅰ、Ⅱ、Ⅲ、aVR、aVL、aVF 和胸前导联的 $V_1 \sim V_6$，共 12 个导联。

（4）不论使用哪一种机型的心电图机，为了减少心电图波形失真，应该尽量不使用交流电滤波或"肌滤波"。

（5）用手动方式记录心电图时，要先打标准电压，每次切换导联后，必须等到基线稳定后再启动记录纸，每个导联记录的长度不应少于 2～4 个完整的心动周期。

（6）遇到下列情况时应及时作出处理：

①如果发现某个胸壁导联有无法解释的异常 T 波或 U 波时，应检查相应的胸壁电极是否松动脱落。若该电极固定良好而部位恰好在心尖搏动最强处，可重新处理该处皮肤或更换质量较好的电极；若仍无效，可试将电极的位置稍微偏移一些，此时若波形变为完全正常，则可认为这种异常的 T 波或 U 波是由于心脏冲撞胸壁使电极的极化电位发生变化而引起的伪差。

②如果发现Ⅲ和/或 aVF 导联的 Q 波较深，应在受检者深吸气后屏住气时立即重复描记这些导联的心电图。若此时 Q 波明显变浅或消失，则可考虑为横膈抬高所致；若 Q 波仍较深而宽，则不能除外下壁心肌梗死。

③如果发现受检者心率>60 次/min 而 PR 间期>0.22 秒，应让其取坐位再记录几个肢体导联心电图，以便确定是否有房室阻滞。

四、心电图判断标准

P 波：顺序出现，频率 60～100 次/min，在Ⅰ、Ⅱ、aVF、V_4、V_5、V_6 导联中直立，aVR 倒置；P 波宽度小于 0.12 秒，振幅在肢导不大于 0.25mV，胸导不超过 0.2mV。

P-R 间期：心率在正常范围内时，成年人为 0.12～0.20s。

QRS 波群：

时间：0.06～0.10s，最宽不超过 0.11s。

波形和振幅：在 V_1、V_2 导联多呈 rS 型，V_5、V_6 导联可呈 qR、qRs、Rs 或 R 型。V_1 导联的 R/S 小于 1，V_5 导联的 R/S 大于 1。aVR 导联的主波向下，可呈 QS、 rS、rSr 或 Qr 型，aVL 与 aVF 导联的 QRS 波群可呈 qR、Rs、R 或 rS 型。R 波在各导联中的振幅：$R_1<1.5mV$，$R_{aVL}<1.2mV$，$R_{aVF}<2.0mV$，$R_{V1}<1.0mV$，$R+S_{V3}<6.0mV$，R_{V5}、$R_{V6}<2.5mV$，$R_{V1}+S_{V5}<1.2mV$，$R_{V5}+S_{V1}<4.0mV$（女性$<3.5mV$）。肢体导联的每个 QRS 正向与负向波振幅相加其绝对值不应低于 0.5mV，胸导联不低于 0.8mV。

室壁激动时间（VAT）：在 V_1、V_2 导联<0.04 秒，V_5、V_6 导联$<0.05s$。

Q 波：Q 波振幅应小于同导联 R 波的 1/4，时距应小于 0.04 秒，V_1、V_2 导联不应有 q 波，但可呈 QS 型。

ST 段：多为一等电位线，有时可有轻微的偏移，但在任一导联，ST 段下移不应超过 0.05mV；ST 段上升在 V_1、V_2 导联不超过 0.3mV，V_3 导联不超过 0.5mV，$V_4\sim V_6$ 与肢体导联均不超过 0.1mV。

T 波：T 波的方向大多与 QRS 主波的方向一致，在 Ⅰ、Ⅱ、$V_4\sim V_6$ 导联向上，aVR 导联向下，Ⅲ、aVL、aVF、$V_1\sim V_3$ 导联可以向上、双向或向下，但若 V_1 的 T 波向上，$V_2\sim V_6$ 导联的 T 波就不应再向下。除 Ⅲ、aVL、aVF、$V_1\sim V_3$ 导联外，T 波的振幅不应低于同导联 R 波的 1/10。T 波高度在胸导联有时可高达 1.5mV。

Q-T 间期：$0.32\sim 0.44s$。Q-Tc 正常上限为 0.44s。

U 波：T 波之后 $0.2\sim 0.4s$ 出现的振幅低小的波，U 波方向与同导联 T 波一致。振幅范围 $0.05\sim 0.20mV$，多相当于同导联 T 波的 1/10，不应高于 T 波的 1/2；时间 $0.16\sim 0.25s$，平均 0.20s。

五、心电图的检查意义

心电图主要反映心脏激动时的电学活动，对各种心律失常和传导障碍的诊断分析具有肯定价值。特征性的心电图改变和演变是诊断心肌梗塞可靠而实用的方法。另房室肥大、心肌受损、供血不足、药物和电解质紊乱都可以引起一定的心电图变化。

但要注意心电图本身具有一定的局限性，许多心脏疾病早期心电图完全正常，同时多种疾病可以引起同一种图形变化，常需结合病史进行分析和解释。尤其要注意心电图的正常变异，避免误诊。

必要时可加检动态心电图或心电图运动负荷实验。动态心电图是指连续记录 24 小时或更长时间的心电图，常可检测到常规心电图不易发现的一过性异常心电图变化。心电图运动负荷实验是早期发现冠心病的一种检测方法，目前多采用平板运动试验，应注意存在一定比例的假阳性和假阴性。

第四节 腹部 B 超检查

主要检查脏器为肝、胆、胰、脾和双肾。检查应严格按规范操作，对各脏器进行必要的纵向、横向、斜向扫查，做到无遗漏。进行左、右侧卧位检查时，不能简化体位，要充分暴露所查脏器体表位置。

一、肝脏

（一）检查内容

正常肝脏声像图特点为表面光滑，肝包膜呈线样强回声，厚度均一；肝右叶膈面为弧形，外下缘较圆钝，肝左叶边缘锐利；肝实质呈点状中等回声，分布均匀；肝内血管（门静脉分支和肝静脉属支）呈树状分布，其形态和走行自然；肝内胆管与门脉分支伴行，二级以上胆管一般不易显示。超声检查时主要观察：①肝脏大小、形态是否正常，包膜回声、形态、连续性是否正常。②肝实质回声的强度，实质回声是否均匀，是否有局限性异常回声，异常回声区的特点（如数目、位置、范围、形态、边界、内部回声情况）及其与周围组织器官的关系等。③肝内管道结构（胆管、门脉系统、肝静脉和肝动脉）的形态和走行，管壁回声情况，管腔有无狭窄或扩张。④与肝脏相关的器官如脾脏、胆囊、膈肌、肝门及腹腔内淋巴结情况。

（二）测量参考值

肝左叶前后径（厚度）≤6cm，长度≤9cm；肝右叶最大斜径≤14cm，前后径≤11cm；门静脉主干内径1.0~1.2cm。

（三）B超检查提示疾病

1. 肝脏弥漫性病变：如病毒性肝炎、药物中毒性肝炎、酒精性肝炎、肝硬化、肝淤血、脂肪肝以及其他原因所致肝实质病变等。
2. 肝脏囊性占位性病变：肝单纯性囊肿、多囊肝、肝包虫病、肝脏囊腺瘤等。
3. 肝脏实性占位性病变：良性肿瘤（如肝血管瘤）、瘤样病变、恶性肿瘤（原发性肝癌、肝转移癌）等。
4. 肝血管疾病：门静脉高压症、门静脉栓塞、肝动脉瘤、布加综合征等。
5. 肝及肝周脓肿：各种肝脓肿、膈下脓肿等。

二、胆囊与胆道

（一）检查内容

主要观察①胆囊大小，包括长径、前后径。②胆囊壁有无增厚，均匀性还是局限性增厚，增厚的部位、范围及壁上有无隆起样病变。③胆囊囊腔是否回声清亮，是否有结石、胆泥等形成的异常回声。④肝内外胆管管径及走行，包括胆管有无扩张，管壁有无增厚，扩张的程度、部位、累及范围及扩张下段胆道内有无结石、肿瘤等梗阻性病变，或周围有无肿大淋巴结等外压性病变。

（二）测量参考值

胆囊长径≤9cm，前后径≤3cm；胆囊壁厚度<3mm；肝外胆管上段直径2～5mm（小于伴行门脉直径的1/3），下段直径≤8mm；肝内左右肝管直径≤2mm。

（三）B超检查提示疾病

1. 胆石症：胆囊结石如泥沙样结石、充满型结石、附壁结石，肝内外胆管结石等。
2. 胆囊良性隆起样病变：腺瘤、胆固醇性息肉、胆囊腺肌病。
3. 胆道恶性肿瘤：胆囊癌、胆管癌。
4. 胆囊炎：急性、慢性胆囊炎。
5. 肝内外胆管扩张：先天性胆总管囊状扩张、肝内胆管囊状扩张症等；胆管内结石、肿瘤及胆管外外压性包块造成的扩张。

三、胰腺

（一）检查内容

主要观察：①胰腺的位置、形态、大小，表面、内部回声，胰管状态，与周围组织关系等。若有占位病变，应多断面扫查以确定占位的位置、大小、边缘、内部回声、血供情况、后方有无声衰减及其程度。②胰腺及其病变与周围血管的关系，血管有无移位、变形，血管内有无血栓，胰腺周围有无肿大淋巴结。③胰腺疾病相关的情况，例如胆道系统有无结石，有无胰周、网膜囊、肾前间隙积液，有无腹腔积液（腹水）等。

（二）测量参考值

胰头前后径（厚径）1.0～2.5cm，胰体、尾前后径（厚径）1.0～1.5cm，胰管直径≤0.2cm。

胰腺异常判定标准为：胰头前后径≥3.0cm，胰体、尾前后径>2.0cm为胰腺肿大；胰头前后径<1.0cm为胰腺萎缩；胰管直径≥0.3cm为胰管扩张。

（三）B超检查提示疾病

1. 胰腺炎症：急、慢性胰腺炎，胰腺脓肿，胰腺结核，胰石症。
2. 胰腺囊性病变：假性囊肿，真性囊肿（如先天性、潴留性、寄生虫性囊肿）。
3. 胰腺肿瘤：良性、恶性肿瘤。
4. 先天性胰腺异常。

四、脾脏

（一）检查内容

主要观察：①脾脏的位置、形态、大小、包膜、实质回声。②脾脏内部有无局限性病变及病变的形态、大小、边缘、回声强弱、回声是否均匀、周围及内部血流情况。③脾动、静脉血流情况,脾门处血管内径。④周围脏器有无病变及对脾脏的影响。

（二）测量参考值

脾脏长径（肋间斜切面上脾下极最低点到上极最高点间的距离）<11cm,脾脏厚度（肋间斜切面上脾门至脾对侧缘弧形切线的距离）<4.0cm,脾静脉内径（脾门部）<0.8cm。

脾肿大判定标准：脾脏长径>11cm或厚度>4cm,或脾脏长径×脾脏厚度×0.9≥40cm。

（三）B超检查提示疾病

1. 脾先天性异常：副脾、游走脾、多脾、无脾、先天性脾脏反位等。
2. 脾脏弥漫性肿大：肝硬化、瘀血、血液病、感染、结缔组织病等引起的脾肿大。
3. 脾含液性病变：脾囊肿、多囊脾、脾包虫囊肿等。
4. 脾实性占位病变：血管瘤、错构瘤、恶性淋巴瘤、转移瘤等。
5. 脾血管病变。
6. 脾萎缩。

五、肾脏

（一）检查内容

主要观察：①肾脏大小、形态有无改变。②有无异位肾、独肾等先天性肾发育异常。③肾脏结构有无异常改变,肾包膜、肾实质（皮、髓质）、肾集合系统情况。正常肾包膜完整,皮、髓质分离清楚。④有无肾脏占位性病变,其大小、形态、回声、部位、与周围组织的关系等。⑤有无局限性强回声,其后方有无声影等。⑥肾盂、肾盏有无扩张现象等。

（二）测量参考值

肾脏长径10~12cm,横径5~6cm,前后径3~4cm,左肾大于右肾;肾实质厚度1.5~2.5cm,肾皮质厚度0.5~0.7cm,肾集合系统宽度占肾断面1/2或2/3,肾盂分离≤1.5cm。

（三）B超检查提示疾病

1. 囊性占位病变：肾囊肿、多囊肾、输尿管囊肿等。
2. 实性占位病变：肾癌、肾盂癌、肾错构瘤、输尿管肿瘤等。
3. 先天性异常：孤立肾、重复肾、异位肾、游走肾、双肾盂、分叶肾、输尿管狭窄、输尿管扩张等。
4. 肾脏弥漫性病变：急、慢性肾小球肾炎、肾病综合征、肾盂肾炎、肾淀粉样变及肾中毒等。

5. 肾结石、肾积水、输尿管结石及尿路梗阻等。

6. 肾实质破坏、钙化等（提示肾结核）。

第五节　胸部 X 线检查

体检一般常规拍摄胸部正位片。重点检查有无肺结核、肿瘤、纵隔疾病。必要时加摄胸部侧位片或辅以 CT 等检查，以确定诊断。

满意的 X 线胸片应具备以下条件：

1. 通过气管影像，第 1～4 胸椎清晰可见；通过纵隔阴影，第 4 以下胸椎隐约可见。

2. 整个胸廓和肋膈角都已摄入。

3. 肩胛骨不遮蔽肺野。

4. 锁骨上应看到肺尖。

5. 两侧锁骨在胸锁关节处对称。

6. 膈顶阴影应显示清楚。

X 线影像提示的肺部病变主要如下：

1. 渗出与实变阴影：肺部炎症主要为渗出性病变，肺泡内的气体被渗出的液体、蛋白及细胞所代替，进而形成实变，多见于肺炎性病变、渗出性肺结核、肺出血及肺水肿。胸片表现为密度不高的均匀云絮状影，形状不规则，边缘模糊，与正常肺组织无清楚界限，肺叶段实变阴影可边缘清楚。

2. 粟粒状阴影：指 4mm 以下的小点状影，多呈弥漫性分布，密度可高可低，多见于粟粒型肺结核、尘肺、结节病、转移性肺癌、肺泡癌等。

3. 结节状阴影：多指 1～3cm 的圆形或椭圆形阴影，可单发或多发，密度较高，边缘较清晰，与周围正常肺组织界限清楚，多见于肺结核、肺癌、转移瘤、结节病等。

4. 肿块阴影：为直径多超过 3cm、不规则密度增高阴影。肺癌肿块呈分叶状，有切迹、毛刺；良性肿块边缘清楚，可有钙化，有时其间可见透亮区。

5. 空洞/空腔阴影：呈圆形或椭圆形透亮区，壁厚薄不一。壁厚者，内壁光滑，外壁模糊，多为肺脓疡所致，并可有液平面；若外缘清楚，内缘凹凸不平，多由癌性空洞引起；结核性空洞壁较薄，周围多有卫星灶。

6. 索条及网状阴影：不规则的索条、网状阴影，多为肺间质性病变所致；弥漫性网、线、条状阴影常见于特发性肺纤维化、慢性支气管炎、结缔组织病等；局限性线条状阴影可见于肺炎、肺结核愈合后，表现为不规则的索条状影。

7. 肺透亮度增加：局部或全肺透亮度增加，肺纹理细而稀，为肺含气量过多的表现，可见于弥漫性阻塞性肺气肿、代偿性肺过度充气及局限性阻塞性肺过度充气。

8. 肺门肿块阴影：形态不规则的单侧或双侧肺门部肿块阴影，边缘清晰或模糊，多见于肺癌、转移瘤、结核、淋巴瘤、结节病所致的肺门淋巴结肿大；有时肺血管增粗也可显示肺门阴影增大。

9. 钙化阴影：阴影密度最高，近似骨骼，呈斑点状、结节状、片状等，边缘锐利清晰，规则或不规则，多为陈旧结核灶或错构瘤。

10. 胸膜病变影像：胸腔积液多表现为密度增加均匀一致阴影，上缘清，凹面向上；气胸多见透亮度增加，肺纹理消失；胸膜肥厚可形成侧胸壁带状阴影，肺野透亮度减低。

第六节　实验室检查

实验室检查作为辅助检查项目，其结果的判断应结合临床，由主检医师结合其他检查结果，综合判断，作出正确结论。

一、血常规

（一）红细胞总数（RBC）

【参考值】男性：$(4.0 \sim 5.5) \times 10^{12}/L$；女性：$(3.5 \sim 5.0) \times 10^{12}/L$。

红细胞减少多见于各种贫血，如急性或慢性再生障碍性贫血、缺铁性贫血等。红细胞增多常见于缺氧、血液浓缩、真性红细胞增多症、继发性红细胞增多症等。

（二）血红蛋白（HGB）

【参考值】男性：120~160g/L；女性：110~150g/L。

血红蛋白减少或增多的临床意义基本同红细胞总数。

（三）白细胞总数（WBC）

【参考值】$(4.0 \sim 10.0) \times 10^9/L$。

病理性白细胞增多常见于急性化脓性感染、尿毒症、白血病、组织损伤、急性出血等。

生理性白细胞增多常见于剧烈运动、进食后、妊娠期等。另外，采血部位不同，也可使白细胞数有差异，如耳垂平均白细胞数比指血要高一些。

病理性白细胞减少常见于再生障碍性贫血、部分传染病、肝硬化、脾功能亢进、放疗、化疗、服用某些药物后等。

（四）白细胞分类计数（DC）

【参考值】

中性粒细胞：杆状核为 0.01~0.05（1%~5%），分叶核为 0.50~0.70

(50%~70%)。

嗜酸粒细胞:0.005~0.05(0.5%~5%)。

嗜碱粒细胞:0.00~0.01(0~1%)。

淋巴细胞:0.20~0.40(20%~40%)。

单核细胞:0.03~0.08(3%~8%)。

中性粒细胞增多常见于急性化脓性感染、大出血、严重组织损伤、慢性粒细胞性白血病、安眠药中毒等;减少常见于某些病毒感染、再生障碍性贫血、粒细胞缺乏症等。

嗜酸粒细胞增多常见于银屑病、天疱疮、湿疹、支气管哮喘、食物过敏、一些血液病及肿瘤,如慢性粒细胞性白血病、鼻咽癌、肺癌及宫颈癌等;减少常见于伤寒、副伤寒早期、长期使用肾上腺皮质激素后。

嗜碱粒细胞增多常见于慢性粒细胞白血病伴有嗜碱粒细胞增高、骨髓纤维化、慢性溶血及脾切除后;减少一般没有意义。

淋巴细胞增多常见于传染性单核细胞增多症、结核病、疟疾、慢性淋巴细胞性白血病、百日咳、某些病毒感染等;减少常见于破坏过多,如长期化疗、X线照射后及免疫缺陷等。

单核细胞增多常见于单核细胞性白血病、结核病活动期、伤寒、疟疾等;减少意义不大。

(五)血小板计数(PLT)

【参考值】(100~300)×10^9/L。

血小板计数增高多见于血小板增多症、脾脏切除术后、急性感染、溶血、骨折等;减少多见于再生障碍性贫血、急性白血病、急性放射病、原发性或继发性血小板减少性紫癜、脾功能亢进、尿毒症、服用某些药物后等。

二、尿常规及镜检

不少肾脏病变早期就可以出现蛋白尿或者尿沉渣中有形成份,尿检异常常是肾脏或尿路疾病的第一个证据。

(一)尿糖(GLU)

【参考值】阴性。

尿糖阳性可见于糖尿病、肾性糖尿、甲状腺功能亢进、垂体前叶功能亢进、嗜铬细胞瘤、胰腺炎、胰腺癌、严重肾功能不全等。此外,颅脑外伤、脑血管意外、急性心肌梗死等,可出现应激性糖尿;过多食入高糖食物后,也可产生一过性血糖升高,使尿糖呈阳性。

(二)尿蛋白(PRO)

【参考值】阴性。

病理性蛋白尿可见于各种急慢性肾小球肾炎、肾盂肾炎、糖尿病肾病、狼疮性肾炎、放射性肾炎及肾内其他炎性病变、多发性骨髓瘤、肾功能衰竭、肾移植术后等。

生理性或功能性蛋白尿，系指在健康人群中出现的暂时性轻度蛋白尿，通常发生于运动后或发热时，也可见于情绪紧张、交感神经高度兴奋等应激状态。

（三）尿胆红素（TBIL）

【参考值】阴性。

阳性可见于胆石症、胆道肿瘤、胆道蛔虫、胰头癌等引起的梗阻性黄疸和肝癌、肝硬化、急慢性肝炎、肝细胞坏死等导致的肝细胞性黄疸。

（四）尿胆原（URO）

【参考值】弱阳性。

阳性可见于溶血性黄疸、肝病等；阴性可见于梗阻性黄疸。

（五）尿比重（SG）

【参考值】1.015～1.025。

尿比重受年龄、饮水量和出汗的影响。尿比重的高低主要取决于肾脏的浓缩功能，故测定尿比重可作为肾功能试验之一。增高可见于急性肾炎、糖尿病、高热、呕吐、腹泻及心力衰竭等；降低可见于慢性肾炎、慢性肾盂肾炎、急慢性肾功能衰竭及尿崩症等。

（六）尿酸碱度（pH）

【参考值】5.0～7.0。

尿pH值在很大程度上取决于饮食种类、服用的药物及疾病类型。降低可见于酸中毒、痛风、糖尿病、发热、白血病等；增高可见于碱中毒、输血后、严重呕吐、膀胱炎等。应注意室温下尿液存放时间越长，pH值越高（尿素氮分解产生NH_4^+之故），夏季这种现象更突出。

（七）尿红细胞（BLO）

【参考值】显微镜法0～3个/高倍视野；仪器法阴性。

离心尿标本红细胞超过3个/高倍视野，称为镜下血尿，可见于泌尿系结石、感染、肿瘤、急慢性肾炎、血小板减少性紫癜、血友病等；剧烈运动及血液循环障碍，也可导致肾小球通透性增加，而在尿中出现蛋白质和红细胞。女性月经期间易将经血混入尿中，导致尿红细胞增多，需注意区别。

（八）尿白细胞（LEU）

【参考值】显微镜法不超过5个/高倍视野；仪器法阴性。

离心尿标本白细胞超过5个/高倍视野，称为脓尿，可见于泌尿系统有化脓性病变，如肾盂肾炎、膀胱炎、尿道炎、尿路结核等。女性可由外阴或阴道分泌物污染等导致尿白细胞增多，需注意区别。

(九) 管型
【参考值】无或偶见透明管型，无其他管型。
出现异常管型是肾脏病的一个信号，常见于严重的肾脏损害，对诊断具有重要意义。

三、粪便检验

检查粪便对了解消化道有无炎症、出血、寄生虫感染等疾患，了解胰腺及肝胆系统的消化与吸收功能状况有重要价值。

一般性状检查包括大便的量、颜色与性状、气味、寄生虫体、结石等。显微镜检查一般用生理盐水直接涂片后覆以盖玻片镜检，仔细寻找细胞、寄生虫卵、细菌、原虫，并观察各种食物残渣以了解消化吸收功能。

粪便隐血试验（OBT）对消化道出血有重要诊断价值。阳性反应见于消化性溃疡、消化道恶性肿瘤（胃癌、结肠癌等）等，消化道恶性肿瘤阳性率可达 95%，呈持续性阳性，因此，OBT 常作为消化道恶性肿瘤的诊断筛选指标。应注意粪便隐血试验的假阳性反应，进食动物血、肉类及进食大量蔬菜均可出现假阳性反应。

四、阴道分泌物检验

阴道分泌物是女性生殖系统分泌的液体，主要由宫颈腺体、前庭大腺，还有部分由子宫内膜、阴道粘膜等分泌的总称，俗称"白带"。

(一) 阴道清洁度
阴道清洁度是以阴道杆菌、上皮细胞、白细胞（或脓细胞）和杂菌的多少来分度的。它是阴道炎症和生育期妇女卵巢性激素分泌功能的判断指标。阴道清洁度的判定标准如下：

Ⅰ度　镜下以阴道杆菌为主，并可见大量上皮细胞；
Ⅱ度　有部分阴道杆菌，上皮细胞亦可见，也有部分脓细胞和杂菌；
Ⅲ度　只见少量阴道杆菌和上皮细胞，但有大量脓细胞和其他杂菌；
Ⅳ度　镜下无阴道杆菌，几乎全是脓细胞和大量杂菌。

清洁度Ⅰ~Ⅱ度为正常，Ⅲ~Ⅳ度为异常，大多可能为阴道炎，同时常可发现病原菌、真菌或滴虫等病原体。

(二) 寄生虫、真菌及其他病原微生物检验
阴道滴虫感染是妇科常见病，一般用盐水涂片检查。除滴虫外，偶见溶组织内阿米巴感染会阴、前庭、阴道、宫颈等处，可于溃疡面刮取标本进行检查。

常见的真菌感染多为白色念珠菌、阴道纤毛菌、放线菌等。盐水涂片中注意寻找真菌孢子、菌丝或纤毛菌丛。

必要时革兰染色涂片检查淋病双球菌、类白喉杆菌、葡萄球菌、链球菌、大肠

杆菌、枯草杆菌等。需要细菌培养并经鉴定始能确定诊断。此外，尚有一部分疾病是由沙眼衣原体、病毒等引起。

五、血液流变学检测

（一）全血粘度

可采用毛细管式粘度计测定法或旋转式粘度计测定法，因随所用仪器的不同而异，应建立所用仪器的参考值。现在一般采用旋转式粘度计测定。

【参考值】见表2-1。

表2-1　　　　　　　　　　全血粘度参考值

转速（r/min）	切变速度（S^{-1}）	黏度值	
		男	女
10	38.4	8.4±1.0	7.8±0.8
40	153.60	6.2±0.6	6.0±0.5
80	307.20	5.6±0.6	5.4±0.6

体检血液粘度增高一般见于冠心病、高血压病、脑血栓形成等。

（二）血浆粘度测定

【参考值】因随所用仪器的不同而异，应建立所用仪器的参考值。

增高见于血浆球蛋白和（或）血脂增高的疾病，如多发性骨髓瘤、原发性巨球蛋白血症、糖尿病、高脂血症等。

（三）红细胞变形性测定

【参考值】0.29±0.10

增高见于红细胞变形性减低的疾病，如遗传性球形细胞增多症、珠蛋白生成障碍性贫血、心肌梗塞、脑血栓形成、高脂血症、高血压、糖尿病等。

（四）红细胞电泳时间测定

【参考值】16.5±0.85s

红细胞电泳测定广泛用于研究红细胞表面结构，药物对红细胞作用的观察，以及细胞分离和细胞免疫的研究。

六、血生化

（一）血糖（GLU）

在正常情况下，体内糖的分解代谢与合成代谢保持动态平衡，故血糖的浓度也相对稳定。检测血糖对于判断糖代谢的情况及其与糖代谢紊乱相关疾病的诊断有重要价值。一般用全自动或半自动生化分析仪检测。

【参考值】3.9~6.1mmol/L。

空腹超过8小时采血血糖浓度≥7.0mmol/L，或一天当中任意时候采血血糖浓度≥11.1mmol/L，经复查仍达到或超过此值，诊断糖尿病；对空腹血糖正常或稍高，偶有尿糖，但糖尿病症状又不明显者，常用口服葡萄糖耐量试验（oral glucose tolerance test，OGTT）来明确诊断，OGTT 2小时的血糖浓度≥11.1mmol/L者诊断糖尿病。另空腹葡萄糖增高也见于部分内分泌疾病、药物影响等。

血糖低于3.9mmol/L为减低，见于胰岛素过多、缺乏抗胰岛素激素、营养不良等。

正常人口服一定量葡萄糖后在短时间内暂时升高的血糖即可降至空腹水平，此现象称为耐糖现象。当糖代谢紊乱时，口服一定量葡萄糖后则血糖急剧升高，经久不能恢复至空腹水平；或血糖升高虽不明显，在短时间内不能降至原来的水平，称为耐糖异常或糖耐量降低。

（二）总胆固醇（TC）

血清脂质检测检查指标之一，人体含胆固醇约140克，广泛分布在全身不同组织，血液中的胆固醇仅10%~20%系食物中摄取，其余皆为肝脏、肾上腺等自身合成。用全自动或半自动生化仪检测。

【参考值】成人≤5.17mmol/L为合适水平，5.20~5.66mmol/L为边缘水平，≥5.69mmol/L为升高。

胆固醇增高见于高脂血症、动脉粥样硬化等，也继发于控制不良的糖尿病、肾病综合征等。降低见于严重的肝脏疾病、营养不良等。

（三）甘油三酯（TG）

血清脂质检测检查指标之一，用全自动或半自动生化仪检测。

【参考值】0.56~1.7mmol/L；≤1.70mmol/L为适合水平，>1.70mmol/L为升高。

甘油三酯增高见于高脂血症、动脉粥样硬化、脂肪肝、肾病综合征等。降低见于甲状腺功能减退、肾上腺功能减低、营养不良等。

（四）高密度脂蛋白胆固醇（HDL-C）

脂蛋白检测常用项目之一，用全自动或半自动生化仪检测。高密度脂蛋白（HDL）的功能之一是运输内源性胆固醇至肝脏处理，故有抗动脉粥样硬化作用。常规检查中，通过HDL中胆固醇（HDL-C）的含量间接反映HDL的水平。

【参考值】0.94~2.0mmol/L；>1.04mmol/L为合适水平，<0.91mmol/L为减低。

HDL-C对诊断冠心病有重要价值，已知HDL与TG呈负相关，也与冠心病发病呈负相关。动脉粥样硬化、糖尿病、肝损害和肾病综合征时，HDL-C降低。

(五) 低密度脂蛋白胆固醇 (LDL-C)

脂蛋白检测常用项目之一，用全自动或半自动生化仪检测。低密度脂蛋白 (LDL) 是血清中携带胆固醇的主要颗粒。LDL 有 A、B 两个亚型，LDL 向组织及细胞内运送胆固醇，直接促使动脉粥样硬化。日常分析中以 LDL 中胆固醇 (LDL-C) 作为动脉粥样硬化的风险指标之一。

【参考值】2.07～3.12mmol/L；≤3.12mmol/L 为合适水平，3.15～3.6mmol/L 为边缘升高，≥3.64mmol/L 为升高。

(六) 丙氨酸氨基转移酶 (ALT)

肝脏生化检查指标，采用酶法，用全自动或半自动生化仪检测，可对病毒性肝炎等肝胆系统疾病进行早期诊断，并有助于判断疾病的程度、预后。

【参考值】<40U/L。

(七) 天冬氨酸氨基转移酶 (AST)

肝脏生化检查指标，检测方法和意义同 ALT。

【参考值】<40U/L。

ALT 和 AST 是反映肝细胞损害的敏感指标，在肝炎潜伏期、发病初期均可升高，故有助于早期发现肝炎。ALT 主要存在于肝细胞质内，而 AST 除了存在于肝细胞质之外，还有约一半以上分布在肝细胞的线粒体中。各种肝脏病变（如病毒性肝炎、药物性肝损害、脂肪肝、肝硬化等）和一些肝外疾病造成肝细胞损害时，ALT 和 AST 水平均可升高。

当肝损害较轻时，仅有胞质内的 ALT 和 AST 释放入血，故 ALT 的升高大于 AST，一般认为血清 ALT 超过参考值上限 2 倍以上，说明肝细胞有炎症、坏死和肝脏损害；严重肝损伤时，线粒体被破坏，其中的 AST 大量释放入血，致使血清 AST 水平高于 ALT。AST/ALT 比值>1 可以提示肝炎进展，有显著肝细胞坏死，因此，测定 AST/ALT 比值有助于判断肝损伤的严重程度。单项 AST 升高还要考虑心肌和骨骼的病变，特别是心肌梗死时 AST/ALT 比值常>3，并伴有相应临床表现，不难诊断。

某些生理条件的变化也可引起 ALT 和 AST 升高，如剧烈体育活动可有 ALT 的一过性轻度升高。由于血清 ALT 和 AST 升高的原因多种多样，必须根据具体情况，结合必要的其他检查手段，仔细分析才能明确诊断。

(八) 血尿素氮 (BUN)

血尿素氮是机体蛋白质代谢的产物，测定血尿素氮的目的在于判断肾脏对蛋白质代谢产物的排泄能力，故血尿素氮的数值，可以作为判断肾小球滤过功能的一项指标。但血尿素氮易受饮食、尿量等因素影响，故虽可作为判断肾小球功能的一项指标，但不如血肌酐准确。血尿素氮检测采用脲酶法。

【参考值】2.8～7.2mmol/L。

(九)血肌酐(CR)

肌酐是人体肌肉代谢的产物,不易受饮食和尿量因素影响,能更灵敏地反映肾功能,是诊断肾功能衰竭的重要指标,其水平与肾功能的损伤程度成正比。血肌酐检测采用苦味酸法或酶法。

【参考值】苦味酸法:男性 44~133μmol/L,女性 70~106μmol/L。酶法:男性 53~97μmol/L,女性 44~80μmol/L。

当血尿素氮和血肌酐都用"mmol/L"为单位时,尿素氮/肌酐比值的参考值为 25~40。当比值<25 时,考虑蛋白质的摄入不足及肾小管急性坏死;>40 时,考虑肾前性原因所致。

由于血尿素氮、肌酐的测定值容易受溶血、胆红素以及药物等因素影响,所以同时升高有诊断意义,肾脏实质性病变时血尿素氮升高的程度较血肌酐更明显。

七、乙肝病毒标志物检测

(一)乙型肝炎病毒表面抗原(HBsAg)

【参考值】阴性

阳性见于急性乙肝的潜伏期,发病时达高峰;如果发病后 3 个月不转阴,则易发展成慢性乙型肝炎或肝硬化。携带者 HBsAg 也呈阳性。HBsAg 是乙型肝炎病毒(HBV)的外壳,不含 DNA,故 HBsAg 本身不具传染性;但因其常与 HBV 同时存在,常被用来作为传染性标志之一。

(二)乙型肝炎病毒表面抗体(抗-HBs)

【参考值】阴性

抗-HBs 是种保护性抗体,可阻止 HBV 穿过细胞膜进入新的肝细胞,提示机体对乙肝病毒有一定程度的免疫力。抗-HBs 一般在发病后 3~6 月才出现,可持续多年。注射过乙型肝炎疫苗或抗-HBs 免疫球蛋白者,抗-HBs 可呈现阳性反应。

(三)乙型肝炎病毒 e 抗原(HBeAg)

【参考值】阴性

HBeAg 阳性表明乙型肝炎处于活动期,并有较强的传染性。孕妇阳性可引起垂直传播,致 90% 以上的新生儿呈 HBeAg 阳性。HBeAg 持续阳性,表明肝细胞损害较重,且可转为慢性乙型肝炎或肝硬化。

(四)乙型肝炎病毒 e 抗体测定(抗-HBe)

【参考值】阴性

乙型肝炎病毒 e 抗体是病人或携带者经 HBeAg 刺激后所产生的一种特异性抗体,常继 HBeAg 后出现于血液中。抗-HBe 阳性表示大部分乙肝病毒被消除,复制减少,传染性减低,但并非无传染性。乙肝急性期即出现抗-HBe 阳性者,易进展为慢性乙型肝炎;慢性活动性肝炎出现抗-HBe 阳性者可进展为肝硬化;HBeAg 与抗-HBe 均阳性，且 ALT 升高时可进展为原发性肝癌。

（五）乙型肝炎病毒核心抗原（HBcAg）

【参考值】阴性

HBcAg 阳性提示病人血清中有感染性的 HBV 存在，复制活跃，传染性强，预后较差。约有 78% 的阳性病例病情恶化。

（六）乙型肝炎病毒核心抗体（抗-HBc）

乙型肝炎病毒核心抗体是 HBcAg 的抗体，可分为 IgM、IgG 和 IgA 三型。目前常用的方法是检测抗-HBc 总抗体。

【参考值】阴性

抗-HBc 总抗体主要反映的是抗-HBcIgG。抗-HBc 检出率比 HBsAg 更敏感，可作为 HBsAg 阴性的 HBV 感染的敏感指标。此外，抗-HBc 检测也可用作乙型肝炎疫苗和血液制品的安全性鉴定和献血员的筛选。抗-HBcIgG 保护作用，其阳性可持续数十年甚至终身。

（七）乙型肝炎病毒 DNA 测定（HBV-DNA）

乙型肝炎病毒 DNA（HBV-DNA）呈双股环形，是 HBV 的基因物质，也是乙型肝炎的直接诊断证据。

【参考值】阴性

HBV-DNA 阳性是诊断乙型肝炎的佐证，表明 HBV 复制及有传染性。也用于监测应用 HBsAg 疫苗后垂直传播的阻断效果，若 HBV-DNA 阳性表明疫苗阻断效果不佳。HBV 标志物检测与分析见表 2-2。

表 2-2　　HBV 标志物检测与分析

HBsAg	HBeAg	抗 HBc	抗 HBc-IgM	抗 HBe	抗 HBs	检测结果分析
+	+	-	-	-	-	急性 HBV 感染早期，HBV 复制活跃
+	+	+	+	-	-	急性或慢性 HB，HBV 复制活跃
+	-	+	+	-	-	急性或慢性 HB，HBV 复制减弱
+	-	+	-	+	-	急性或慢性 HB，HBV 复制减弱
+	-	-	-	-	-	HBV 复制停止
-	-	+	+	-	-	HBsAg/抗-HBs 空白期，可能 HBV 处于平静携带中
-	-	+	-	-	-	既往 HBV 感染，未产生抗-Hbs
-	-	+	+	+	-	抗-HBs 出现前阶段，HBV 低度复制

续表

HBsAg	HBeAg	抗 HBc	抗 HBc-IgM	抗 HBe	抗 HBs	检测结果分析
-	-	+	-	+	+	HBV 感染恢复阶段
-	-	+	-	-	+	HBV 感染恢复阶段
+	+	+	+	-	+	不同亚型（变异型）HBV 再感染
+	-	-	-	-	-	HBV-DNA 处于整合状态
-	-	-	-	-	+	病后或接种 HB 疫苗后获得性免疫
-	+	+	-	-	-	HBsAg 变异的结果
+	-	-	-	+	+	表面抗原、e 抗原变异

八、肿瘤标志物检测

（一）甲种胎儿球蛋白

血中 AFP 浓度检测对诊断肝细胞癌及滋养细胞恶性肿瘤有重要的临床价值。检测可分为定性检查和定量检查，体检一般采用定性检查。

【参考值】阴性

原发性肝细胞性肝癌患者血清 AFP 增高，增高率约 75%～80%。生殖腺胚胎癌（睾丸癌、卵巢癌、畸胎瘤等）、胃癌或胰腺癌时，血中 AFP 含量也可升高。病毒性肝炎、肝硬化时 AFP 也有不同程度的升高。妊娠 3～4 个月，孕妇 AFP 开始升高；7～8 个月达高峰，以后下降；但定量一般低于 300μg/L。

（二）癌胚抗原测定

癌胚抗原是一种富含多糖的蛋白复合物。胎儿早期的消化管及某些组织均有合成 CEA 的能力，但孕 6 个月以后含量逐渐减少，出生后含量极低。在部分恶性肿瘤患者的血清中又可发现 CEA 含量有异常升高，它对肿瘤的诊断、预后、复发判断有意义。

【参考值】ELISA 法和 RIA 法<15μg/L

CEA 明显增高见于 90% 的胰腺癌、74% 的结肠癌、70% 的肺癌、60% 的乳腺癌患者，常超过 60μg/L。一般病情好转时，CEA 浓度下降，病情加重时可升高。此外，结肠炎、胰腺炎、肝脏疾病、肺气肿及支气管哮喘等也常见 CEA 轻度升高。最近发现，胃液和唾液中 CEA 检测对胃癌诊断有一定价值。

（三）癌抗原 125

患有上皮性卵巢癌和子宫内膜癌时，病人血清 CA125 水平可明显升高。

【参考值】RIA、ELISA 法：男性及 50 岁以上女性低于 2.5 万 μ/L，20～40 岁

女性低于 4.0 万 μ/L（RIA）。

卵巢癌病人血清 CA125 水平明显升高，其阳性率可达 97%，故对诊断卵巢癌有较大临床价值。其他癌症，如宫颈癌、乳腺癌、胰腺癌、胆道癌、肝癌、胃癌、结肠直肠癌、肺癌等也有一定的阳性反应。此外，3%～6%的良性卵巢瘤、子宫肌瘤病人血清 CA125 有时也会增高，但多数不超 10 万 μ/L。另肝硬化失代偿期血清 CA125 明显增高。

（四）前列腺特异抗原（PSA）测定

前列腺特异抗原存在于前列腺管道的上皮细胞中，在前列腺癌时可见 PSA 血清水平明显升高。

【参考值】≤4.0μg/L

前列腺癌时，90%～97%患者血清 PSA 水平明显升高；当行外科切除术后，90%患者血清 PSA 水平明显降低。若又见 PSA 水平升高，即有转移或复发的可能。此外，良性前列腺瘤、前列腺肥大或急性前列腺炎时，约有 14%的患者血清 PSA 水平升高，此时应注意鉴别。

案例分析：女，52 岁，自诉头昏月余，吸烟 10 年，10 支/日，饮酒 2 两/日，有乙肝病史，无肺结核等；其父亲因直肠癌去世，母亲患有冠心病，兄妹身体健康。既往无体检史。试为其设计体检项目表。见表 2-3。

表 2-3　　　　　　　　　　　体检项目表

体检项目	项目分类	详细检查类别	简要意义
血液检查	血液常规检查	白细胞计数	可了解病毒感染、白血病、急性感染、组织坏死、败血症、营养不良、贫血等
		红细胞计数	
		血红蛋白测定	
		血细胞比容	
		平均红细胞体积	
		平均红细胞血红蛋白	
		平均红细胞血红蛋白浓度	
		红细胞体积分布宽度	
		血小板计数	
		白细胞五项分类	

续表

体检项目	项目分类	详细检查类别	简要意义
血液检查	糖尿病筛查	空腹血糖	可了解血液中葡萄糖的含量，筛查糖尿病等
	肝功能检查	丙氨酸氨基转移酶	可了解肝功能是否受损，是否有梗阻性黄疸、急（慢）性肝炎、肝癌等肝脏疾病的初期症状
		总胆红素	
		总蛋白	
		清蛋白	
		球蛋白	
	肾功能检查	血清尿素氮	可了解肾脏是否是受损，是否有急慢性肾炎、尿毒症等疾病
		血清肌酐	
		血清尿酸	
	血脂检查	血清甘油三脂	可了解血液中血脂的含量，高血脂会导致动脉硬化、血压升高，并且会增加心脏病的负荷、导致心脏疾病
		血清总胆固醇	
		血清高密度脂蛋白胆固醇	俗称"好的"胆固醇，对血管有保护作用
		血清低密度脂蛋白胆固醇	俗称"坏的"胆固醇，越高越不好
	乙肝五项	乙型肝炎表面抗原	可了解是否感染乙肝病毒，是否产生对肝炎病毒的抗体，是否应该注射疫苗，以及注射疫苗后效果
		乙型肝炎表面抗体	
		乙型肝炎核心抗体	
		乙型肝炎e抗原	
		乙型肝炎e抗体	
外科	外科检查	肛诊	查直肠癌、痔等直肛疾患等
		淋巴结	
		甲状腺	了解形状及功能是否正常
		乳房触诊	了解其是否有肿块

续表

体检项目	项目分类	详细检查类别	简要意义
眼科	视力色盲检查	视力	检查视力、有无色盲、筛查青光眼、眼底改变及眼部其它疾患
		沙眼	
		辨色力	
		眼压	
		眼底	
妇科	妇科检查	宫颈涂片	检查子宫卵巢等生殖器官是否有病变
		内诊	
心电图	心电图检查	心电图	可了解心律不齐、冠心病等心脏早期疾病
X线检查	胸部X线检查	胸透	诊断有无心脏扩大、肺脏及胸部肿瘤等
乳透	乳透	乳透	乳房是否有异常肿块

（余爱华　卢云燕　孙　超）

第三章 健康干预（一）生活方式管理

生活方式是人们的生活水平、生活习惯和爱好，以及生活的目的、对生活的态度的总和，或者说是人们在日常生活中形成的相对固定的行为举止和思维定式及习惯，包括生活节奏、饮食与运动、睡眠及处事方式等。

生活方式对健康的影响具有双重、双向性。良好的生活方式对健康具有维护、改善与促进作用，从而能有效减少或延缓疾病的发生。而不良生活方式（既有害健康的生活方式）对健康的负面影响是多方面的，包括加重人的精神心理负担；长期摄入或受到有害物质的影响，会对人体产生慢性的、潜在的，甚至是不可逆的危害；影响人的社会地位和社会适应性；增加个体和某一群体对致病因素的敏感性。许多研究已经证明积极倡导健康的生活方式，改变不良生活方式对于健康具有不可替代的重要作用。

世界卫生组织把"合理饮食、适当运动、戒烟限酒、心理平衡"称为"健康四大基石"，健康生活方式除以饮食、运动、烟酒、心理等四方面的健康要求为基础外，从广义上讲还应加上减少职业危害、防止意外、正确就医和合理用药等。

第一节 科 学 饮 食

随着我国经济的发展和食物供应的增加，城乡居民的温饱问题基本得到解决后，与饮食有关的慢性非传染性疾病逐年增加。近年来的研究成果指出了饮食行为与健康的关系，肥胖、高血压、糖尿病等与"过度营养"、膳食失衡有关。此外，由于膳食结构不合理，营养知识的欠缺，某些营养素的缺乏尚未得到根本解决。因此，科学饮食的关键是"合理营养、平衡膳食"。

一、人体需要的营养素

营养素供给人体各种生理活动、体力活动以及维持体温所需的能量；提供构成细胞组织自我更新以及生长发育所需要的材料；调节生理活动，使机体内物质代谢协调运行。

（一）蛋白质

1. 蛋白质的组成

组成蛋白质的元素为碳、氢、氧、氮、硫。蛋白质的基本组成单位是氨基酸，组成蛋白质的氨基酸约有 20 种，它们以不同的种类、数量和排列顺序构成种类繁多、功能各异的蛋白质。

由于碳水化合物和脂肪中不含氮，蛋白质是人体氮的唯一来源。各种蛋白质的含氮量相当接近，约为 16%。通用的蛋白质测试方法"凯氏定氮法"是通过测出含氮量来估算蛋白质含量，即测定食物的含氮量乘以折算系数 6.25（100÷16）即可得到食物中蛋白质含量。

但这给不法商人带来了可乘之机，利用食品工业蛋白质含量测试方法的缺陷，在食物中添加三聚氰胺等含氮量高的物质，以提升食品检测中的蛋白质含量指标，从而使劣质食品通过食品检验机构的测试。以某合格牛奶蛋白质含量为 2.8% 计算，含氮量为 0.44%，某合格奶粉蛋白质含量为 18% 计算，含氮量为 2.88%。而三聚氰胺含氮量为 66.6%，是牛奶的 151 倍，是奶粉的 23 倍。每 100g 牛奶中添加 0.1 克三聚氰胺，检测时蛋白质含量就能提高 0.4%。2008 年，我国爆发了以三鹿奶粉为代表的三聚氰胺毒奶粉事件，导致食用受污染奶粉的婴幼儿产生肾结石病症，其原因也就是奶粉中含有三聚氰胺。

2. 必需氨基酸和非必需氨基酸

组成人体和食物蛋白质的氨基酸约有 20 种，其中有 9 种是人体不能合成或合成的速度不能满足需要，必须由食物供给的，称为必需氨基酸，包括：色氨酸、赖氨酸、苯丙氨酸、蛋氨酸、苏氨酸、亮氨酸、异亮氨酸、缬氨酸和组氨酸。其他十几种称为非必需氨基酸，非必需氨基酸并非人体不需要，只是它们可在体内合成，不一定要从食物中摄取。

3. 蛋白质的生理功能

（1）构成机体组织、器官的重要成分：在人体的肌肉组织和心、肝、肾等器官，乃至骨骼、牙齿都含有大量蛋白质，细胞内除水分外，蛋白质约占细胞内物质的 80%。

（2）调节生理功能：酶蛋白能促进食物的消化吸收、免疫蛋白维持机体免疫功能、血红蛋白携带及运送氧气、甲状腺素是氨基酸的衍生物、胰岛素是多肽，它们都是机体重要的调节物质。

（3）维持体液平衡和酸碱平衡：血液中的白蛋白和球蛋白帮助维持体内的液体平衡。若血液蛋白质含量下降，过量的液体到血管外，积聚在细胞间隙，造成临床上的水肿。血浆蛋白能借助于接受或给出氢离子，使血液 pH 值维持在恒定范围。

（4）供给能量：蛋白质在体内降解成氨基酸后，可进一步氧化分解产生能量，1g 蛋白质在体内氧化产生的能量为 16.74kJ。

4. 蛋白质的营养价值

食物中蛋白质的营养价值一是取决于它们在人体内的消化率。一般说来,动物来源的蛋白质消化率高于植物性蛋白质,另蛋白质的消化率与食物的加工烹调方法有关。例如,大豆加工成豆腐后,其消化率可大大提高。

二是取决于蛋白质的生物价值。食物蛋白质的生物价值系指食物蛋白质经消化吸收后在体内被利用的程度。食物蛋白质的氨基酸组成与人体需要的模式越相近时,其利用率越高,换言之也就是营养价值越高,动物来源的蛋白质在人体的利用较好,为优质蛋白质,谷类蛋白质含赖氨酸低,若能与含赖氨酸高的动物蛋白质或豆类混合食用,则能弥补其不足,大大提高其生物价值,称为蛋白质的互补作用。

5. 蛋白质的主要食物来源。

食物的蛋白质含量有很大差异。畜禽和鱼肉中蛋白质含量为10%~20%,干豆类蛋白质含量约为20%,其中大豆含量可达40%。蛋类含量在12%~14%,奶粉含蛋白质约为20%,鲜奶为3%。谷类的蛋白质含量虽然只有7%至10%,但因摄入量大,也是蛋白质的主要来源。

(二)脂类

脂类是人体必需的一类营养素,是人体的重要组成部分。脂类包括脂肪和类脂两部分。

1. 脂类的分类

(1) 脂肪:脂肪是由一分子甘油和三分子脂肪酸结合而成。因脂肪酸碳链的长短不同和脂肪酸碳链中不饱和双键的数目不同,而构成不同的脂肪酸并连接成不同的脂肪。

(2) 类脂:类脂包括磷脂、糖脂、类固醇及固醇等,除含脂肪酸外,还有一些其他成分。

2. 脂肪酸

脂肪酸是中性脂肪和类脂的组成成分。根据脂肪酸含双键的数目可以区分为饱和脂肪酸,单不饱和脂肪酸和多不饱和脂肪酸。

(1) 饱和脂肪酸:饱和脂肪酸是指碳链上没有双键的脂肪酸。主要来源是猪、羊、牛的脂肪和禽肉中所含的脂肪,还来自热带植物油如棕榈油和椰子油。研究表明饱和脂肪酸有使血胆固醇升高的作用。

(2) 单不饱和脂肪酸:单不饱和脂肪酸是指在碳链上含有一个双键的脂肪酸。茶油、橄榄油中单不饱和脂肪酸含量高。多项研究证实单不饱和脂肪酸有降低血胆固醇、甘油三酯和低密度脂蛋白胆固醇的作用。

(3) 多不饱和脂肪酸:多不饱和脂肪酸指在碳链上含有两个以上双键的脂肪酸,其中亚油酸和a-亚麻酸在人体内不能合成,必须由膳食供给,又称为必需脂肪酸。玉米油、芝麻油、葵花籽油等含多不饱和脂肪酸较高。深海鱼油中含有二十碳五烯酸(EPA),对降低血浆甘油三酯水平等有一定效果。鱼油中的二十二碳六烯酸（DHA）对婴儿脑发育有影响。但多不饱和脂肪酸易引起体内脂质过氧化作用增强。

3. 脂类的生理功能

（1）供给能量：1g脂肪在体内氧化分解可产生38kJ（9kcal）的能量，是碳水化合物或蛋白质产能的2倍多。

（2）构成人体组织结构成分：磷脂、糖脂、胆固醇等是构成细胞膜的重要物质。

（3）供给必需脂肪酸：亚油酸和a-亚麻酸是人体必需的脂肪酸，是促进婴幼儿生长发育和合成前列腺素不可缺少的物质。

（4）脂溶性维生素的重要来源：各种植物油都含有一定量的维生素E，豆油、橄榄油等含有丰富的维生素K，脂肪还促进脂溶性维生素的吸收。

（三）碳水化合物

1. 碳水化合物的分类

碳水化合物可分为糖、寡糖和多糖3类。

（1）糖：包括单糖（如葡萄糖、果糖、半乳糖）、双糖（如蔗糖、乳糖、麦芽糖）和糖醇（如木糖醇、麦芽糖醇）。

（2）寡糖：又称低聚糖，是由3个以上、10个以下的单糖分子构成的聚合物，如大豆低聚糖、低聚果糖等。

（3）多糖：为带有10个以上糖单位的聚合物，如淀粉和非淀粉多糖。非淀粉多糖又包括纤维素、半纤维素、果胶和亲水胶质物。

2. 碳水化合物的生理功能

（1）供给能量：每克葡萄糖在体内氧化可产生16.7kJ（4kcal）能量。

（2）构成机体组织的重要物质：主要以糖脂、糖蛋白和蛋白多糖的形式存在。

（3）节约蛋白质：当碳水化合物供给充足时，人体首先利用它作为能量来源，无需动用蛋白质来供给能量。

（4）抗生酮：当碳水化合物供应不足时，脂肪酸分解所产生的酮体不能彻底氧化，而在体内聚积发生酸中毒。

3. 碳水化合物的主要食物来源

谷类和薯类含有丰富的碳水化合物，豆类和某些坚果如栗子等含量也很高。

（四）维生素

维生素虽不提供能量，也不是构成人体组织的成分，但承担着重要的代谢功能，它们大部分不能在体内合成或合成的量不能满足人体需要，需从膳食中获得。维生素按照溶解性分为脂溶性和水溶性两大类。其中脂溶性维生素有维生素A、D、E、K等4种；水溶性维生素有维生素C和维生素B_1、B_2、B_6、B_{12}、PP（烟酸）、M（叶酸）、泛酸、生物碱和胆碱等10种。

1. 维生素 A 和类胡萝卜素。维生素 A 亦称视黄醇。它可维持上皮组织结构的完整，当维生素 A 缺乏时，上皮细胞发生角化，表皮细胞角化使皮肤粗糙、毛囊角化；眼睛角膜干燥容易受细菌侵袭，发生溃疡甚至穿孔，造成失明。维生素 A 构成视觉细胞内的感光物质，缺乏时人的暗适应能力下降，严重时在光线较暗处视力模糊，看不清物体，称为夜盲症，维生素 A 还对机体免疫及骨骼发育有重要作用。

类胡萝卜素（维生素 A 原）来自植物性食物，在体内可转化生成维生素 A。其中最重要的是 β 胡萝卜素。食物中的视黄醇（维生素 A）与食物中胡萝卜素折算成的视黄醇当量相加为该食物的视黄醇当量。

维生素 A 的主要食物来源是动物肝脏、鱼肝油、全奶、禽蛋等；胡萝卜素的良好来源是黄绿色蔬菜，如菠菜、西兰花、空心菜、胡萝卜以及水果中的芒果、杏、柿等。

2. 维生素 B_1。维生素 B_1 又名硫胺素。它的主要功能是作为辅酶参加机体内一些重要的生化反应。维生素 B_1 缺乏初期可出现下肢乏力，有沉重感，精神淡漠，食欲减退等症状。严重缺乏者可出现典型的脚气病（脚气病不是指脚癣，而是全身性神经系统代谢紊乱）。湿性脚气病最显著的症状为水肿，可从下肢遍及全身。干性脚气病以神经症状为主。婴儿维生素 B_2 缺乏可发生在出生后数月，以心血管症状为主。

我国南方曾因大米碾磨过细，造成维生素 B_1 大量丢失，而导致居民发生脚气病。谷类经高温烘烤、油炸也会造成维生素 B_1 的损失，从而使摄入不足。含维生素 B_1 丰富的食物有动物内脏（心、肝及肾）、瘦肉、豆类及粗加工的粮谷类等。

3. 维生素 B_2。维生素 B_2 又称核黄素。维生素 B_2 在体内以两种辅基形式，即黄素腺嘌呤二核苷酸（FAD）和黄素单核苷酸（FMN）与特定的蛋白质结合形成黄素蛋白，在生物氧化过程中作为递氢体，在能量生成中起重要作用。维生素 B_2 还参与色氨酸转变为烟酸的过程以及参与体内的抗氧化防御系统。

维生素 B_2 缺乏时以口腔症状及阴囊病变最为常见。口腔症状有口角糜烂、唇炎、舌炎。阴囊症状初发时有瘙痒，以后出现皮肤病变，有红斑型、丘疹型和湿疹型。

根据 2002 年中国居民营养与健康状况调查，城乡居民每标准人的维生素 B_2 平均摄入量为每日 0.8mg，与中国居民膳食营养素参考摄入量相比，属于摄入不足的营养素。

维生素 B_2 在动物性食品，如肝、肾、心、瘦肉、蛋黄及乳类中含量高，绿叶蔬菜及豆类中含量也较多。

4. 维生素 C。又称抗坏血酸。其生理功能是促进体内胶原的合成，维持血管的正常功能，促进伤口愈合。维生素 C 是强还原剂，具有抗氧化作用，它能促进铁的吸收，阻断亚硝胺在体内的形成，因而具有防癌作用。维生素C还能提高机体的免疫功能。

维生素C缺乏的症状有牙龈肿胀出血、皮下出血、伤口不易愈合，缺乏严重时在受压处出现淤斑，皮下、肌肉、关节内可有大量出血，如得不到及时治疗，可因坏血病导致死亡。

维生素C来源于新鲜蔬菜、水果，蔬菜中的菜花、苦瓜、柿子椒和水果中的枣、柑橘、猕猴桃等维生素C含量很高。根据膳食调查结果，我国城乡居民维生素C摄入量不低，但未计算烹调损失。因此，实际摄入量与推荐的参考摄入量比较，会有一定差距。

（五）常量元素和微量元素

人体必须从膳食中获得的矿物质可分为两类，含量大于体重万分之一者称为常量元素，有钙、磷、钾、钠、镁、氯、硫。含量小于人体重万分之一者称微量元素，有铁、锌、铜、碘、钴、铬、钼、硒。我国人民容易缺乏的矿物质是钙、铁和锌。

1. 钙。钙是人体含量最丰富的矿物质。成年人全身约有1.2kg钙，占体重的2%。钙和磷形成的羟磷灰石是骨矿物质的主要成分，这些无机成分使骨骼具有很大的力学强度。钙还是心肌收缩、神经冲动传导所必需，钙又是凝血辅助因子。当钙摄入不足时，血钙浓度下降，刺激甲状旁腺激素分泌，将骨骼中的钙动员到血液中，使血钙经常保持恒定，以保证重要生理活动的正常进行。但若长期摄钙不足，骨量减低，加速老年人的骨质疏松，容易引起骨折。

我国居民钙的摄入量较低，成人每日从膳食中平均摄入钙400mg左右，仅相当于中国营养学会推荐的适宜摄入量的一半。应注意选择含钙丰富的食物，例如每半斤牛奶可提供250~300mg钙，每百克黄豆可提供190mg钙，每百克油菜、茴香、雪里红等深绿色叶菜的含钙量亦多在100mg以上。海带、芝麻酱、虾皮和带骨的小鱼含钙量也很丰富。此外，居住在硬水地区的居民还可从饮水中获得一些钙的补充。据粗略估算，每升硬度较高的饮水可提供150mg钙。但水煮沸后，部分钙成为碳酸钙沉淀，含钙量大为减少。

2. 铁。成人体内含铁3~5g，约70%存在于血红蛋白和肌红蛋白中，在体内参与氧和二氧化碳的转运、交换以及组织的呼吸过程。其余30%为储备铁，以铁蛋白和含铁血黄素的形式存在于肝脏、脾脏和骨髓中。铁缺乏可引起缺铁性贫血，除血红蛋白含量下降等生化指标的改变以外，成人表现为倦怠，工作效率降低，儿童则易于烦躁，注意力不集中，对周围事物淡漠，认知能力下降。

中国居民营养与健康状况调查（2002年）发现虽然我国居民铁的摄入量数值并不低，但贫血患病率仍高达20.1%，2岁以内婴幼儿的患病率为31.1%。这是由于我国膳食以植物性食物为主，其所含的铁是非血红素铁，吸收率很低所致。膳食中维生素 C 能提高其吸收率。我国目前正在推行铁强化食品（铁强化酱油）以期能改善居民的铁营养状况。

3. 锌。锌分布在人体所有的组织器官中，体内约有 200 多种含锌酶和含锌蛋白。例如乳酸脱氢酶参与糖代谢，碱性磷酸酶参与骨代谢，醇脱氢酶参与酒精的分解。锌参与促黄体激素、促卵泡激素、促性腺激素的代谢，对性器官的发育和胎儿的生长具有重要调节作用。锌可增强机体的免疫功能。锌与唾液蛋白结合成味觉素，可增进食欲，缺锌可影响味觉和食欲，甚至发生异食癖。锌缺乏可影响胎儿及婴儿的生长发育，使人体性器官发育不全，性功能受损，还可使免疫系统功能退化，降低对疾病的抵抗力。

2002 年全国性调查结果表明，我国居民每标准人日锌的摄入量为 11.3mg，与中国营养学会推荐的参考摄入量每日 15.5mg 比较，仍有一定差距。富含锌的食物有贝类海产品、红色肉类、动物内脏等，坚果、奶酪及花生等也是锌的良好来源。

（六）膳食纤维

膳食纤维不是一种营养素，是食物中的非营养成分，但其多方面的生理作用和健康效益深受重视，对膳食纤维的研究也在不断深入。膳食纤维的定义不断更新，目前主要包括以下概念：

1. 膳食纤维指在小肠内不能被消化吸收，聚合度不小于 3 的碳水化合物的聚合物。

2. 膳食纤维为在日常饮食中存在的可食用的碳水化合物聚合物；或通过物理、化学方法或酶法从食物原材料中获得的，或人工合成的碳水化合物。

3. 膳食纤维具有下列生理作用：①降低食糜在消化道通过的时间，增加粪便量；②促进结肠发酵作用；③降低血总胆固醇和/或低密度脂蛋白胆固醇水平；④降低餐后血糖和/或胰岛素水平。

蔬菜、水果、粗加工的谷类和豆类是膳食纤维含量丰富的食物。

（七）水

水是人体的重要组成部分，约占健康成年人体重的 50%~60%，具有重要的生理功能，包括在细胞内构成介质，参与人体所有的生理反应；将营养成分运送到组织，将代谢产物转移到血液进行再分配并将代谢产物通过尿液排出到体外；水是体温调节系统的主要组成部分，保持体温的恒定；润滑组织和关节。

除去食物中含的水及体内代谢产生的水之外，在温和气候条件下生活的轻体力活动成年人每日最少饮水 1200ml，在高温和强体力劳动的条件下应适当增加。饮水应少量多次，不要感到口渴时再喝水。饮用水主要包括自来水、纯净水、人造矿化水、矿泉水和天然水，最好选用白开水。

经常适量饮茶对人体健康有益，茶叶中含有多种对人体有益的化学成分，如茶多酚、咖啡碱、茶多糖等。茶多酚、儿茶素等活性物质可以使血管保持弹性，消除动脉血管痉挛。另外可能对防治肿瘤有一定益处。

部分人群尤其是青少年，每天喝大量含糖饮料代替喝水，是一种不健康的习惯，应当改正。因大量饮用含糖量高的饮料，会导致摄入过多能量，造成能量过剩。但乳饮料和纯果汁饮料含有一定量的营养素和有益膳食成分，适量饮用可作为膳食的补充；部分饮料添加了矿物质和维生素，适合户外活动和运动后饮用。

二、各类食物的营养价值

（一）谷类与薯类

谷类包括稻米、小麦、小米、玉米、燕麦等，薯类主要包括马铃薯、甘薯、木薯等。主要提供碳水化合物、蛋白质、B族维生素及膳食纤维。谷类食物中人体必需的赖氨酸含量较低，若以纯谷类食物喂养婴幼儿，则有赖氨酸不足的问题。谷类与豆类或动物性食物搭配，可起到蛋白质的互补作用，则能弥补谷类的这一不足。谷类所含的维生素和矿物质，主要分布在谷粒外部的糊粉层和胚芽里，如果碾磨过度，维生素 B_1、蛋白质及钙、铁等损失较多，营养价值降低。

燕麦的籽粒中还含有其他谷类所缺少的皂苷，对降低胆固醇及甘油三酯有一定效果。

薯类中淀粉、维生素、膳食纤维、矿物质含量较高，但蛋白质含量较低，长期过多食用不利于儿童生长发育。食用时尽可能采用蒸、煮、烤的方式，能保留较多营养素。

（二）豆类和坚果

包括大豆、其他干豆类及花生、核桃、杏仁等坚果类。主要提供蛋白质、脂肪、膳食纤维、矿物质、B族维生素和维生素 E。

豆类中的大豆（黄豆、黑豆、青豆）含蛋白质35%~40%，含脂肪18%左右。其他干豆（绿豆、芸豆、红小豆等）含蛋白质20%，脂肪1%左右。豆类含钙、磷、铁、维生素 B_1、B_2 和膳食纤维都很丰富，是价廉物美的营养佳品。大豆中还含有大豆异黄酮，它有弱的雌激素作用，竞争性结合雌激素受体。多项研究结果表明，大豆异黄酮能防止妇女绝经期综合征及乳腺癌的发生。

大豆中含有胰蛋白酶抑制素、皂苷等有毒物质，必需加热将其破坏，生豆浆如加热不彻底，饮后可造成中毒，故煮豆浆时应当豆浆出现泡沫，继续加热至泡沫消失后再煮5分钟以上。

坚果虽为营养佳品，但所含能量较高，也不可过多食用，一般每周50g为宜。

（三）蔬菜、水果和菌藻类

主要提供膳食纤维、钙、磷、钾等矿物质、维生素 C、胡萝卜素、维生素 K 和有益的植物化学物质。蔬菜和水果几乎是膳食中维生素 C 和胡萝卜素的唯一来源，也是叶酸的最主要来源。

蔬菜种类繁多，包括植物的叶、茎和花苔，还有茄果、豆荚和蕈藻等。不同的蔬菜中各种营养素的含量有很大差异，根据颜色深浅分为深色蔬菜和浅色蔬菜，一般而言深色蔬菜的营养价值优于浅色蔬菜。深绿色叶菜如西兰花、油菜中胡萝卜素、维生素 B_2 和钙的含量是茄子、冬瓜、白萝卜中这些营养素含量的几倍或几十倍。柿子椒、苦瓜中维生素 C 的含量又远高于其他蔬菜。烹调蔬菜应先洗后切、急火快炒、开汤下菜、炒好即食。

各种新鲜水果都含有维生素 C，尤以酸枣、鲜枣、沙棘、刺梨等含量最高，每百克这些鲜果中含维生素 C 可达数百毫克。红色和黄色水果中胡萝卜素含量较高。水果中的柠檬酸、苹果酸等可刺激消化液的分泌、帮助食物的消化，可溶性纤维——果胶可降低胆固醇含量。

菌藻类（如口蘑、香菇、木耳、酵母和紫菜等）含有蛋白质、多糖、胡萝卜素、铁、锌和硒等矿物质，在海产菌藻类（如紫菜、海带）还富含碘。

（四）肉、蛋及水产类

主要提供蛋白质、脂肪、矿物质、维生素 A、B 族维生素和维生素 D。蛋白质不仅含量高，而且是优质蛋白质，其氨基酸组成更符合人体的需要。

畜肉是铁和锌的重要来源，肉类中的铁多以血红素铁的形式存在，生物利用率高。但畜肉的脂肪含饱和脂肪酸较高，必需脂肪酸的含量低于植物油脂。

动物肝脏的维生素 A 含量很高，是膳食中维生素 A 的重要来源，动物内脏还富含叶酸、维生素 B_{12} 以及锌、铜、硒等营养素。但有些脏器胆固醇含量很高，故不宜多吃。

蛋类中蛋黄含胆固醇高，每个鸡蛋大约含胆固醇 250～300mg，但也含有众多人体必需的营养成分，如优质蛋白、维生素 A、D、B_1、B_2 及矿物质，且蛋黄是磷脂的极好来源，具有重要的生理功能，除能促进脂溶性维生素的吸收外，卵磷脂还含有合成神经活动传递物质的原料，对维持记忆力、思维和分析能力有重要作用。建议正常人每天吃一个鸡蛋，低密度脂蛋白高、心血管病及糖尿病患者每两日吃 1 只鸡蛋为宜。

鱼类肉质细嫩，容易消化，脂肪含量不高，一般在 1% 至 3%，且含有较多不饱和脂肪酸。海鱼中多不饱和脂肪酸二十碳五烯酸（EPA）和二十二碳六烯酸（DHA）含量高，有降血脂的作用。禽类脂肪含量也较低，且不饱和脂肪酸含量也较高。

肥肉和荤油为高能量和高脂肪食物，摄入过多往往引起肥胖，并是某些慢性病的危险因素，应少吃。

（五）奶类

奶类含各种营养素比较全面、组成比例适宜、容易消化吸收，主要提供优质蛋白质、维生素 A、B_2 和钙。

奶类含钙量高,每 100ml 牛奶含钙在 100mg 以上,是膳食中钙的最丰富的来源。其所含蛋白质是优质蛋白质,并且容易消化吸收,适合婴儿、老人和体弱多病者。牛奶中铁和维生素 C 含量低,若用牛奶喂养婴儿,应注意补充铁和维生素 C。

一般牛奶中含脂肪 3%~4%,并以微脂肪球的形式存在,有利于消化吸收。脱脂奶和低脂奶是原料奶经过脱脂工艺,使奶中的脂肪含量减低的奶制品,大大减低了脂肪和胆固醇的摄入量,同时又保留了其他营养成分,适合肥胖人群及心血管病等人群。

奶中碳水化合物主要为乳糖,乳糖在肠道中能帮助某些乳酸菌的繁殖,抑制腐败菌的生长。但有些成年人缺少乳糖酶,饮奶会引起腹胀、腹痛,可以用酸奶代替牛奶。酸奶是在牛奶中加入乳酸菌发酵而成,将乳糖转变成乳酸,就不会出现不耐受的症状。酸奶(乳酸菌奶)必须含有足够量的活乳酸菌,不得含有任何致病菌。这与市售的乳酸菌饮料不同,后者是将酸奶稀释,加工而成,所含的活菌只有酸奶的 1/10,营养价值远不及酸奶。

三、合理营养,平衡膳食

合理营养,平衡膳食是人体健康最重要的保证之一,主要应包括以下几个方面:

(一) 人体需要的营养素与从膳食中获得的营养素之间要平衡

目前已确认的人体必需营养素有 42 种:即蛋白质中的 9 种氨基酸,脂肪中的 2 种多不饱和脂肪酸,1 种碳水化合物,14 种维生素,7 种常量元素,8 种微量元素,加上水共计 42 种。它们中任何一种都不能缺乏,严重缺乏时会出现相关的营养缺乏病。任何一种也不能过量,否则会影响其他营养素的吸收,甚至引起中毒。

(二) 各类食物的搭配要平衡

各类食物所含的营养素不尽相同,没有哪一种天然食物能提供人体所需的全部营养素,因此,要选择多种食物进行合理搭配才能满足需要。为了便于群众在日常生活中掌握各类食物的搭配,达到平衡膳食的目的,中国营养学会设计了"中国居民平衡膳食宝塔"图(见图 3-1),把平衡膳食的原则转化成各类食物的重量,提出了营养上比较理想的膳食模式。平衡膳食宝塔共分 5 层,各层的面积不同,反映各类食物在膳食中的比重差异。

宝塔的第一层即塔基代表每日的谷类消耗量在 300~500g 之间,根据体力活动的多少调节。指南特别提出要吃的粗一些、杂一些,并多吃玉米面、小米、高粱等杂粮,这样可增加膳食纤维及 B 族维生素的摄入量。

宝塔的第二层是蔬菜水果类。蔬菜类每日 300~500g,而且要求多样化,深色蔬菜要求在一半以上。水果类每日 200g 左右,尽可能多样化。蔬菜与水果不可相互替换。

图 3-1　中国居民平衡膳食宝塔图

宝塔的第三层指动物性食物 125～225g，包括畜禽肉类 50～75g、鱼虾类 75～100g 及蛋类 25～50g。

宝塔的第四层是根据中国人的膳食特点中钙的含量比较缺乏，要求大家多喝奶及多吃豆制品。每日要求相当于鲜奶 300g 的奶类和豆类及豆制品 50g。豆类及豆制品种类繁多，根据其蛋白质含量，宝塔建议的 50 克可折合成 40 克大豆、80 克豆腐干或 800g 豆浆，同样每日 300g 鲜奶可折合为 45g 奶粉或 360g 酸奶。

宝塔的第五层即塔尖指的是油和盐。油脂类每日 25g，盐每日 6g。

宝塔建议的各类食物量是平均值，在实际执行中不必每日样样照推荐量吃，例如鱼虾，可以每周吃两三次，每次 150～200g。又如蛋类，可以两天吃 1 个蛋，或 3 天吃 2 个蛋。

宝塔适用于一般成年人，由于成年人中尚有年龄差别，劳动强度也不相同，根据不同人群的能量需要，又给出 3 个能量水平下各类食物的参考摄入量（表3-1）。

2002 年中国居民营养与健康状况调查结果表明我国居民膳食结构与上述理想的膳食模式尚有一定差距。主要表现在：

1. 居民的谷类消费正在不断减少，城市居民膳食谷类的供能比例只有 48.5%，低于平衡膳食要求的合理比例。

表 3-1　　　　　　　　　　　　不同人群食物参考摄入量

食物	低能量 7531kJ (1800kcal)	中能量 10042kJ (2400kcal)	高能量 11715kJ (2800kcal)
谷类	300	400	500
蔬菜	400	450	500
水果	100	150	200
肉、禽	50	75	100
蛋类	25	40	50
鱼虾	50	50	50
豆类豆制品	50	50	50
奶类及制品	100	100	100
油脂	25	25	25

2. 城市居民平均每日蔬菜的消费量减低到 251.9g，农村减到 285.6g，远低于平衡膳食宝塔建议的每日 400~500g，这将使膳食中有益健康的因素如膳食纤维、B 族维生素、维生素 C 以及微量元素的摄入减低。

3. 城市居民每日奶及奶制品的消费量平均 65.8g，农村居民只有 11.4g，奶类消费量低，使得钙的摄入量仅达到推荐的适宜摄入量的一半。

4. 植物油和动物脂肪摄入量过度增加，城市居民脂肪供能比达到 35%，已超过平衡膳食模式要求的 30% 的高限；农村居民脂肪供能比也已接近高限。这就使得我国居民超重和肥胖的发生率急剧上升。

（三）一日三餐分配要平衡

一日三餐的时间与食量要合理分配，进餐定时定量。天天吃早餐并保证营养充足，午餐要吃好，晚餐适量，一般情况下早餐提供的能量应占全天总能量的 25%~30%，午餐占 30%~40%，晚餐占 30%~40% 为宜。零食作为一日三餐的营养补充，可以合理选用，但来自零食的能量应计入全天能量摄入之中。

混合食物的胃排空时间为 4~5 小时，故一日三餐的两餐间隔时间为 4~6h 较好，考虑到日常生活习惯和消化系统生理特点，早餐一般安排在 6:30~8:30，午餐 11:30~13:30，晚餐 18:00~20:00。早餐时间 15~20min 为宜，中晚餐时间 30min 为宜。进餐时间过短，不利于消化液的分泌和消化液与食物的充分混合，影响事物的消化；进餐时间过长，容易引起食物过量。

（四）能量摄入与能量消耗要平衡

人类为了维持生命，从事各种活动，需要能量供应。即使处于睡眠状态，为了维持心脏的跳动，腺体的分泌等也都需要能量。国际上以焦耳（Joule 简写为 J）或千焦（kJ）作为能量单位。1kJ 约等于 0.239kcal，1kcal 约等于 4.184kJ。营养学上通常习惯于用卡（cal）或千卡（kcal）。

能量来源主要为食物中的三大供能营养素，即碳水化合物、脂肪和蛋白质。

1g 碳水化合物在体内氧化产生的能量为：7.15kJ×98%吸收率＝16.81kJ（4.0kcal）

1g 脂肪在体内氧化产生的能量为：39.54kJ×95%吸收率＝37.56kJ（9.0kcal）

1g 蛋白质在体内氧化产生的能量为：18.2kJ×92%吸收率＝16.74kJ（4.0kcal）

此外，每克酒精在体内产生的能量相当于29.29kJ（7kcal）

能量消耗主要用于维持基础代谢、体力活动和食物的生热效应。儿童、青少年的能量消耗还包括生长发育的能量需要。

1. 基础代谢：即机体处于清醒、空腹、安静状态下，用于维持体温、心跳、呼吸、各器官组织和细胞基本功能等最基本的生命活动所消耗的能量。

2. 食物的热效应（食物的特殊动力作用）：它是指摄食后食物的消化、吸收、运转、代谢过程中所消耗的能量，它与摄取食物的成分有关。

3. 体力活动：每日从事各种体力活动消耗的能量，是人体总能量消耗的重要部分。能量消耗与劳动强度、持续时间、工作的熟练程度有关，其中劳动强度是主要因素。中国成人活动水平分级见表3-2。

表3-2　　　　　　中国营养学会建议的中国成人活动水平分级

活动水平	职业工作时间分配	工作内容举例	活动水平	
			男	女
轻	75%时间坐或站立 25%时间站着活动	办公室工作；修理电器钟表、售货员 酒店服务、化学实验操作、讲课等	1.55	1.56
中	25%时间坐或站立 75%时间特殊职业活动	学生日常活动、机动车驾驶、电工安装 车床操作、金工切割等	1.78	1.64
重	40%时间坐或站立 60%时间特殊职业活动	非机械化农业劳动、炼钢、舞蹈 体育运动、装卸、采矿等	2.10	1.82

如果能量摄入低于消耗则为能量的负平衡，成年人表现为体重减轻、身体消瘦，对疾病的抵抗力下降，在儿童、青少年则不能正常生长发育，生长迟缓和消瘦。反之，若能量摄入大于能量消耗，多余的能量就会以脂肪形式在体内积聚，表现为超重和肥胖。

四、注意食品安全（一）——防止食品污染

近年来国际国内相继发生了一系列震惊世界的食品安全事件，国内出现的苏丹红事件、孔雀绿、蔬菜的农药残留、重金属超标和鱼肉品抗生素滥用等食品不安全事件触动着每个消费者的神经，尤其是前文提到的三聚氰胺事件等给国内无数家庭带来灾难，包括以食品安全著称的台湾地区近期也爆发了塑化剂事件。国际上如2011年爆发的德国肠出血性大肠杆菌事件以及前几年发生的欧洲二恶英污染畜禽饲料事件、比利时可口可乐污染事件，法国的李斯特菌污染熟肉罐头事件和日本的生拌色拉蔬菜的0157：H7大肠杆菌污染事件等，由此可以看出，食品污染正成为危及人类健康的一大"杀手"。

根据污染物的性质，食品污染可分为3类：①生物性污染：包括微生物（细菌及霉菌）及其毒素、病毒污染（如肝炎病毒、口蹄疫病毒）、寄生虫及昆虫污染；②化学性污染：危害最严重的是化学农药、有害金属、多环芳烃类污染；③物理性污染：一些非化学性的杂物（如草籽、泥土、灰尘等）、食品掺杂掺假及放射性污染。

食品污染一般可造成以下危害：①影响食品的感官性状；②造成急性食物中毒；③引起机体的慢性危害；④对人类的致畸、致突变和致癌作用等远期危害。

（一）生物性污染

生物性污染主要包括微生物（细菌、酵母菌、霉菌）、病毒、寄生虫等，以微生物污染更常见。

1. 细菌性污染

从历史的总结资料来看，细菌性污染是涉及面最广，影响最大，问题最多的一种微生物污染。

（1）致病菌：生物性污染最主要的是致病性细菌问题。如副溶血性弧菌、痢疾杆菌、肉毒杆菌等。污染了致病菌的食品在感官性状上往往没有特殊变化。

（2）条件致病菌：常见的有葡萄球菌、变形杆菌、蜡样芽胞杆菌等，在一定的条件下（菌型、菌量、毒素产生与否、机体肠道菌群状况、机体抵抗力等）可以引起食物中毒的发生。

（3）非致病菌：除了致病菌引起的食物中毒事件外，对日常食品卫生质量影响最大的是非致病性细菌，常见的有假单胞菌属、微球菌属、葡萄球属、芽孢杆菌属、乳杆菌属等。它们可引起食品的腐败变质，使食品出现特异的颜色、气味、荧光、磷光等。

2. 真菌及其毒素污染

常见的真菌污染主要来自青霉属、曲菌属、镰刀菌属等。它们产生的真菌毒素比较重要的有黄曲毒素、赭曲霉毒素、展青霉素、单端孢霉烯族化合物、伏马菌

素、玉米赤霉烯酮等。

黄曲毒素是毒性和致癌性都非常强的天然污染物,1993年被世界卫生组织的癌症研究机构划为I类致癌物。它常存在于发霉的粮油食品中,尤其在花生、花生油、玉米、大米、坚果(核桃、杏仁)等中更常见。动物摄取被黄曲毒素污染的饲料会导致肉、蛋、乳及其制品中有毒素残留。人类摄入这类食品时可发生急性中毒或慢性中毒。防霉是防止黄曲毒素污染的最根本措施。最主要的防霉措施是控制温度与湿度,其次对粮油食品采取经常性卫生监测。对已经污染毒素的食品可设法将毒素破坏或去除,如挑拣霉粒、碾压加工降低毒素含量、淘洗时反复搓洗、植物油用白陶土、活性炭吸附或加碱水洗去毒素、花生粉等用氧化降解法减少毒素等。

3. 其他生物性污染

我国食品的病毒污染以肝炎病毒的污染最为严重,有显著的流行病学意义。生吃水产品甚至一些其他动物肉类的行为使人们患寄生虫病的危险性大大增加。例如,2006年北京发生的生吃福寿螺引起广州管圆线虫病事件已被定为重大突发公卫事件。昆虫污染主要包括粮食中的螨类、甲虫,动物食品和发酵食品中的蛆和苍蝇等。

(二) 化学性污染

化学性污染是指环境中有毒、有害化学物质对食品的污染,包括人为使用的农药、化肥和兽药的残留;工业三废(废水、废气、废渣)造成的重金属污染,工业化学品的污染,如多氯联苯、二恶英;食品生产、加工和烹调过程中形成的有害化学物如N-亚硝基化合物、多环芳烃类化合物、杂环胺等。

1. 农药污染

长期大量使用农药,特别是滥用化学农药,会使环境与食品中农药残留大大增加。食品农药残留除可造成人体急性中毒外,有些也会通过污染食品对人体产生慢性损害。农药主要通过四种途径污染食品:食物链富集;喷洒农药直接污染食用作物;植物根部吸收;运输贮存中混放。

常用的农药包括有机氯农药(已禁用)、有机磷农药、有机汞农药、氨基甲酸酯类农药等。有机磷农药因其应用范围广,在环境中降解快,残毒低等特点,是中国目前使用量最大的农药。从目前中国农药使用情况看,高毒农药使用量大,使用次数频繁是造成中国某些食品,特别是蔬菜、水果农药残留超标的主要原因。

随着高效、低毒、低残留农药的研制和一些高毒高残留农药禁用,农药在食品中的残留问题也将得到改善。

对食品进行加工、烹调可以减少残留农药。用水冲洗可除去食品表面大部分的农药残留,对苹果、梨、黄瓜、茄子等蔬菜水果可以削去外皮。谷物经碾磨加工,去除谷皮后,大多数农药残留可减少70%以上。加热烹调可破坏某些热不稳定农药。例如,水煮菠菜可破坏残留的马拉硫磷。

化肥的使用也是造成食品化学污染的一个重要因素。化肥在施用时某些元素在农作物中过量累积，可能危害人体健康。例如氮肥的过量施用会导致农作物中亚硝酸盐超标。

2. 有毒金属污染

动植物食品中有毒金属可有内源性和外源性两方面来源，内源性系通过生物富集途径，外源性污染来自饲料、水质、底泥、空气、药物等。食品中常见的重金属污染有铅、镉、汞、砷等。这些有毒金属进入人体后有很强的蓄积性，排出缓慢。它们对人体造成的危害以慢性中毒和远期效应（致癌、致畸、致突变作用）为主。

为了防止重金属对动物性食品的污染，主要防治措施可归纳为积极治理工业三废；停止使用含砷、汞的剧毒农药；防止滥用食品添加剂；加强食品中有毒金属的监测。

由于环境中的本底等原因，在短时间内要使食品中的重金属污染降至一定程度还有相当的难度。

3. 其他化学污染——食品生产加工过程中形成的污染物

（1）N-亚硝基化合物：N-亚硝基化合物是由亚硝酸盐与二级胺或三级胺相互反应生成的，在啤酒、咸鱼、腌肉和奶粉等食品中可检测到。动物实验表明其有很强的致癌性，也有一定致畸和致突变作用。目前普遍认为对人也有致癌作用。可通过一些措施阻断N-亚硝基化合物的合成，如食用富含VC、VE及多酚的蔬菜与水果；也可采取措施减少摄入，如：尽量少吃盐腌和酸渍食品；食用新鲜的食物，防止鱼肉和蔬菜变质；控制食品中硝酸盐或亚硝酸盐的添加剂量等。

（2）多环芳烃类化合物：是煤、石油、木材、烟草等有机物不完全燃烧时产生的具有较强致癌性的食品化学污染物。其对食品的污染主要来自：①食品成分如脂肪在高温烹调时发生热解或热聚作用生成此类化合物，这是食品中多环芳烃类的主要来源；②用燃料烘烤或熏制食品时直接污染；③油墨和石蜡油污染，来自于加工机油或包装材料；④沥青污染，在柏油马路上晾晒粮食受到污染。防治措施主要有加强环境治理，减少环境对食品的污染；改进食品加工工艺，避免食品直接接触炭火或燃料；避免在柏油马路上晾晒粮食等。

五、注意食品安全（二）——防止食品中毒

食物中毒指摄入了含有生物性、化学性有毒有害物质的食品或把有毒有害物质当做食品摄入后所出现的非传染性（不属于传染病）急性、亚急性疾病。食物中毒发生的原因各不相同，但发病具有以下共同特点。①食物中毒的发病与食物有关：中毒病人在相近的时间内都食用过同样的有毒食品，未食用者不中毒。停止食用该食物后新发病例很快减少或停止。②发病潜伏期短，来势急剧，呈暴发性：短时间内可能有多数人发病。③同批中毒病人的临床表现基本相似：以消化道症状最

常见，如恶心、呕吐、腹痛、腹泻等，病程较短。④发生食物中毒的病人对健康人无传染性。

（一）细菌性食物中毒

我国发生的食物中毒从发病的次数和数量上来看，以细菌性食物中毒为主。细菌性食物中毒发生的主要原因为：牲畜屠宰时及畜肉在运输、贮存、销售等过程中受到致病菌污染；被致病菌污染的食物在较高温度下存放，使致病菌大量繁殖或产生毒素；被污染的食物未经烧熟煮透，或者熟食又受到食品从业人员带菌者的污染，食用后引起中毒。

1. 沙门氏菌食物中毒

（1）引起沙门氏菌中毒的食物：首先以动物性食品为多，特别是畜肉及其制品，其次为禽肉、蛋类、奶类及其制品。家畜、家禽在宰杀前感染了沙门氏菌，使肌肉和内脏含有大量活菌，是肉类食品中沙门氏菌的主要来源。家畜、家禽在宰杀后其肌肉、内脏接触含沙门氏菌的粪便、污水、容器或带菌者也会污染沙门氏菌。蛋类可因家禽带菌而感染；患沙门氏菌病的奶牛其奶中可能带菌，而健康奶牛的奶在挤出后也可受到带菌奶牛粪便或其他污染物的污染。水产品可因水体污染而带菌。

（2）临床表现：潜伏期一般 4~48h，主要症状是恶心、呕吐、腹痛、腹泻、发热 1 日数次至 10 余次，腹痛多在上腹部或脐周绞痛。一般预后良好，重症者如不及时救治或治疗不当可导致死亡。

（3）防治措施：对中毒病人以对症治疗为主，如补液，重症患者可使用抗生素，必要时采用镇静、升压或抗休克等特殊治疗。预防措施包括烹调食物要烧熟煮透，肉块不宜过大；禽蛋须煮沸 8min 以上；加工冷荤熟肉时要生熟分开；食品应低温冷藏；不购买及食用来源不明或病死的牲畜肉。

2. 副溶血性弧菌食物中毒

目前由副溶血性弧菌导致的水产品污染在我国食源性疾病的发生中呈上升趋势，是我国沿海地区最常见的一种食物中毒。该菌不耐热，95℃加热 1min 即可死亡；对酸敏感，用食醋处理 5min 可将其杀灭。

（1）引起中毒的食物：夏秋季节尤其是 7~9 月份是副溶血性弧菌食物中毒的高发季节。易引起中毒的食物主要是：海产品盐渍食品和禽蛋等，受副溶血性弧菌污染的食物，在较高温度下存放，食前不加热，或加热不彻底，或熟制品受到带菌者、带菌生食品、带菌容器等的污染，食物中的副溶血性弧菌可随食物进入人体肠道生长繁殖，当达到一定数量时，即可引起食物中毒。

（2）临床表现：潜伏期一般为 14~20h。发病初期为腹部不适，其后腹痛加剧，以上腹部阵发性绞痛为本病特点，并出现腹泻，多数患者在腹泻后出现恶心、呕吐；部分患者有畏寒、发热；病程一般为 3~4 天；预后良好。

(3) 防治措施：以对症治疗为主。本病预防应抓住防止污染、控制繁殖和杀灭病原菌三个主要环节。海产品及各种熟制品应低温保存。鱼、虾、蟹、贝类等应烧熟煮透。对凉拌菜（如海蜇）要清洗干净后置于食醋中浸泡10min或在100℃沸水中漂烫数分钟以杀死副溶血性弧菌。

3. 金黄色葡萄球菌食物中毒

(1) 引起中毒的食物：人和动物的鼻腔、咽、消化道该菌带菌率均较高。健康人带菌率20%～30%，当患有化脓性皮肤病或上呼吸道感染时，带菌率更高。奶牛患乳腺炎时，奶中含有大量的葡萄球菌，所以人和动物的化脓性感染部位常成为污染来源。本病多发于夏秋季节，中毒食品主要为奶及奶制品、肉类、剩饭等。

(2) 临床特点：潜伏期短，一般2～5h，最短1h，最长6h；起病急，主要症状为恶心、剧烈而频繁呕吐，呕吐物中常有胆汁、黏液和血，同时伴有上腹部剧烈疼痛及腹泻（水样便）；体温一般正常；严重病人因剧烈呕吐加之腹泻可导致虚脱和严重脱水或出现肌肉痉挛，预后一般良好。

(3) 防治措施：一般以补水和维持电解质平衡等对症治疗为主。预防措施应包括防止带菌人群对各种食物的污染；奶牛患化脓性乳腺炎时其奶不能食用；患局部化脓性感染的畜、禽肉尸应按病畜、病禽处理，将其病变部位去除后，按条件可食肉需经高温加工处理；应在低温、通风良好条件下贮藏食物，放置时间不应超过6h。

4. 变形杆菌食物中毒

变形杆菌在自然界分布广泛，如土壤、污水、植物、人及动物的肠道内。此菌可在低温储存的食品中繁殖，对热的抵抗力不强，在55℃加热1h即可将其杀灭。

(1) 引起中毒的食物：以动物性食品为主，特别是熟肉及内脏熟制品如冷拼盘等，其次为豆制品和凉拌菜。

(2) 临床表现：潜伏期一般12～16h，来势比沙门氏菌食物中毒更迅猛，但病程短，恢复快；临床表现以上腹部绞痛和急性腹泻为主。多数在24h内恢复，预后一般良好。

(3) 防治措施：变形杆菌食物中毒的治疗仅需补液等对症处理。预防重点在于加强食品卫生管理，注意食品的储藏卫生及加工人员个人卫生，防止食品污染。目前我国对食品卫生质量的细菌学评价指标有细菌总数、大肠菌群，并规定致病菌不得检出。

(4) 食品细菌性污染的预防与控制：①在生产（种植、养殖）、加工、包装、贮存、运输、销售直至烹调等各个环节尽量减少细菌污染的机会；②杀灭细菌及抑制细菌生长繁殖或产毒。具体的方法有高温杀菌、低温抑菌、食品的干燥保藏、化学抑菌保藏、辐照保藏等。

(二) 动植物性食物中毒

1. 河豚鱼中毒

河豚的肝、脾等脏器及血液、眼球等都含有河豚毒素，其毒性相当于剧毒药品氰化钠的 1250 倍，不足 1mg 即可致人死命。其中以卵巢最毒，肝脏次之。新鲜洗净的鱼肉一般不含毒素，但如果鱼死后较久，毒素可渗入到肌肉中。有些河豚鱼肌肉本身也具毒性。每年春季 2~5 月份为河豚鱼的生殖产卵期，含毒素最多，最易发生中毒。

（1）临床表现：河豚鱼中毒发病急速而剧烈，潜伏期很短。一般在食用后 10min 到 5h 发病。早期可出现感觉障碍：如手指、口唇和舌有刺痛，并出现恶心、呕吐、腹泻等胃肠道症状；随后出现感觉神经麻痹；继而出现四肢肌肉麻痹；最后全身麻痹呈瘫痪状态，严重者可死于呼吸麻痹或循环衰竭。一般预后不良，病死率在 40%~60%，常于 4~6h 内死亡，如抢救及时病程超过 8~9h 未死亡者，多能恢复。

（2）防治措施：一旦发生河豚鱼中毒，必须迅速进行抢救，以催吐、洗胃和泻下为主，配合对症治疗。目前尚无特效解毒药。防止河豚鱼中毒预防是关键，应禁止销售，加强宣传教育，以防误食。

2. 毒蕈中毒

蕈类又称蘑菇，有毒的约 100 多种，其中含有剧毒可致死的约 10 种。毒蕈中毒多发生在高温多雨的夏秋季节，往往由于个人采集野生鲜蘑，误食毒蕈而引起。

（1）临床表现：毒蕈的有毒成分主要为毒蕈碱、毒蕈毒素、毒蕈溶血素等，一般根据所含有毒成分和中毒表现，大体分为 5 型：

①胃肠炎型（胃肠毒素型）：潜伏期短，半小时至 6 小时。主要症状为：剧烈恶心、呕吐、腹泻、腹痛，以上腹部和脐部疼痛为主；体温不高。经过适当对症处理可迅速恢复，预后良好。

②神经精神型：潜伏期一般为 0.5~4h，最短可在食后 10min 发病。主要表现为副交感神经兴奋症状：出现流涎、流泪、大量出汗、瞳孔缩小、脉缓等；严重者可出现谵妄、精神错乱。此型中毒用阿托品类药物治疗，可迅速缓解症状。病死率低，无后遗症。

③溶血型：此型中毒潜伏期为 6~12h，主要症状为溶血性贫血、黄疸、血尿、肝脏肿大等。一般病死率不高。

④脏器损害型：此型中毒最严重，含有此毒素的新鲜蘑菇 50g（相当于干蘑菇 5g）即可使成人死亡，几乎无一例外。脏器损害型毒蕈中毒的临床表现十分复杂，食用后 6~7h 即可发病，但一般为 10~24h。患者出现恶心、呕吐、脐周围腹痛、腹泻水样便，多在 1~2 天内缓解。胃肠炎缓解后，病人暂时无症状，或仅有轻微乏力、不思饮食，而实际上毒素已进入内脏，肝脏损害已经开始；轻度中毒病人肝

脏损害不严重，可由此期进恢复期。严重病人在发病 2~3 天后出现肝、肾、脑、心脏等实质性器官损害。病人可出现烦躁不安等精神症状，并出现惊厥、昏迷，甚至死亡。经及时治疗的患者在 2~3 周后进入恢复期，逐渐痊愈。

⑤日光性皮炎型：误食猪嘴蘑（胶陀螺）可引起日光性皮炎，症状为身体露出的部分出现肿胀、病人的嘴唇肿胀外翻，形似猪嘴。少有胃肠炎症状，预后良好。

（2）防治措施：应及早采用催吐、洗胃、导泻、灌肠等措施，根据中毒的症状，尽快给予对症处理。最根本的预防措施是切勿采摘自己不认识的蘑菇食用。

3. 扁豆中毒

扁豆又称为四季豆、菜豆、豆角。扁豆中毒是我国最常见的植物性食物中毒，一年四季各地都有发生，以秋季多发。扁豆中含有红细胞凝集素或皂素。加热时间足够长，可将其破坏，不会引起中毒。

（1）中毒食物：当食用未烧熟煮透的扁豆时，很容易发生中毒。中毒食物常见的有炒扁豆、凉拌扁豆等。炖食者少有中毒发生。

（2）临床表现：潜伏期一般为 2~4h，初期感觉胃部不适，继而恶心、呕吐、腹痛，少数病人有头晕、头痛、胸闷、出汗等症状。病程短，恢复快，大多数病人在 24h 内恢复健康。预后良好。

（3）防治措施：症状轻者不需要治疗，吐、泻之后，能较快自愈。吐、泻严重者，可静脉注射葡萄糖盐水和维生素 C，以纠正水和电解质紊乱，并促进毒素的排泄。有凝血现象时，可给予低分子右旋糖酐、肝素等。预防扁豆中毒的方法就是把扁豆烧熟焖透，使其失去原有的深绿色，不要贪图脆嫩。另外，注意不要食用过老的扁豆，并把扁豆的两头摘掉（这些部位含毒素较高）。

其他常见的可能中毒的食物及预防措施包括：木薯应去皮，加水浸泡 3 天以后蒸煮，熟后再置清水浸泡 40h；避免食用未成熟（青紫皮）和发芽的马铃薯；使用鲜黄花菜应用水浸泡或用开水浸烫后弃水炒煮食用；贝类食物中毒与水域中藻类大量繁殖有关，在海藻大量繁殖期应禁止食用贝类。

（三）化学性食物中毒

化学性食物中毒的主要原因包括投毒、误食、有毒化学物质管理不严格。以剧毒鼠药、农药及亚硝酸盐中毒为主，最常见的为亚硝酸盐中毒。

1. 引起中毒的原因：亚硝酸盐食物中毒近年来时有发生，其中数起报告均是误将亚硝酸盐当做食盐食用而引起的。一般情况下引起的原因有：①摄入含有大量亚硝酸盐、硝酸盐的不新鲜蔬菜；②大量摄入腌制不够充分的咸菜；③摄入放置过久的熟剩菜；④摄入苦井水；⑤误把亚硝酸盐当做食盐或其他调料而食用；⑥腌肉制品加入过量的硝酸盐及亚硝酸盐。

2. 临床表现：亚硝酸盐中毒发病急速，潜伏期一般为 1~3h；误食大量亚硝酸盐者仅十几分钟即可发病。轻者表现为头晕、头痛、乏力、胸闷、恶心、呕吐、口唇、耳廓、指（趾）甲轻度发绀；严重者可有眼结膜、面部及全身皮肤发绀，心率快，呼吸困难；昏迷，大小便失禁，惊厥，可因呼吸衰竭而死亡。

3. 防治措施：轻型中毒一般不需治疗；重症病人病情发展快，须及时进行抢救，迅速予以催吐、洗胃、导泻，并及早使用特效解毒剂美蓝。一般认为美蓝、维生素C和葡萄糖三者合用较好。预防措施有妥善保管亚硝酸盐，包装应有醒目的标志，防止错把亚硝酸盐当做食盐或碱面误食；保持蔬菜的新鲜，勿食用存放过久的变质蔬菜；食剩的熟蔬菜不可在高温下长时间存放；勿食用大量刚腌制的咸菜，至少需腌制15天以上再食用；肉制品中的硝酸盐和亚硝酸盐的用量应严格按照国家卫生标准，不可多加；苦井水勿用于煮粥、尤其勿存放过夜。

六、关于食品添加剂

世界各国对食品添加剂的定义不尽相同，联合国粮农组织（FAO）和世界卫生组织（WHO）对食品添加剂定义为：食品添加剂是有意识地一般以少量添加于食品，以改善食品的外观、风味和组织结构或贮存性质的非营养物质。

按照《中华人民共和国食品安全法》第99条，中国对食品添加剂定义为：食品添加剂指为改善食品品质和色、香和味以及为防腐、保鲜和加工工艺的需要而加入食品中的人工合成物质或者天然物质。

（一）常用食品添加剂及分类

目前，我国商品分类中的食品添加剂种类共有35类，其中《食品添加剂使用标准》和卫生部公告允许使用的食品添加剂分为23类，共2400多种，制定了国家或行业质量标准的有364种。主要有：

防腐剂——常用的有苯甲酸钠、山梨酸钾、二氧化硫、乳酸等。用于果酱、蜜饯等的食品加工中。

抗氧化剂——与防腐剂类似，可以延长食品的保质期。常用的有维C、异维C等。

着色剂——常用的合成色素有胭脂红、苋菜红、柠檬黄、靛蓝等。它可改变食品的外观，增强食欲。

增稠剂和稳定剂——可以改善或稳定冷饮食品的物理性状，使食品外观润滑细腻。例如使冰淇淋等冷冻食品长期保持柔软、疏松的组织结构。

膨松剂——部分糖果和巧克力中添加膨松剂，可促使糖体产生二氧化碳，从而起到膨松的作用。常用的膨松剂有碳酸氢钠、碳酸氢铵、复合膨松剂等。

甜味剂——常用的人工合成甜味剂有糖精钠、甜蜜素等。目的是增加甜味感。

酸味剂——部分饮料、糖果等常采用酸味剂来调节和改善香味效果。常用柠檬酸、酒石酸、苹果酸、乳酸等。

增白剂——过氧化苯甲酰是面粉增白剂的主要成分。增白剂超标，会破坏面粉的营养，水解后产生的苯甲酸会对肝脏造成损害。

香料——香料有合成的，也有天然的，香型很多。消费者常吃的各种口味巧克力，生产过程中广泛使用各种香料，使其具有各种独特的风味。

（二）食品添加剂的主要作用

食品添加剂大大促进了食品工业的发展，并被誉为现代食品工业的灵魂，这主要是它给食品工业带来许多好处，其主要作用大致如下：

1. 利于保存，防止变质

防腐剂可以防止由微生物引起的食品腐败变质，延长食品的保存期，同时还具有防止由微生物污染引起的食物中毒作用。抗氧化剂则可阻止或推迟食品的氧化变质，以提供食品的稳定性和耐藏性，同时也可防止可能有害的油脂自动氧化物质的形成。此外，还可用来防止食品，特别是水果、蔬菜的酶促褐变与非酶褐变。

2. 改善食品的感官性状

食品的色、香、味、形态和质地等是衡量食品质量的重要指标。适当使用着色剂、护色剂、漂白剂、食用香料以及乳化剂、增稠剂等食品添加剂，可以明显提高食品的感官质量，满足人们的不同需要。

3. 增加食品的品种和方便性

现在市场上已拥有多达20000种以上的食品可供消费者选择，尽管这些食品的生产大多通过一定包装及不同加工方法处理，但在生产工程中，一些色、香、味俱全的产品，大都不同程度地添加了着色、增香、调味乃至其他食品添加剂。

4. 有利食品加工，适应生产机械化和自动化

在食品加工中使用消泡剂、助滤剂、稳定和凝固剂等，可有利于食品的加工操作。例如，使用豆腐凝固剂可有利于豆腐生产的机械化和自动化。

5. 满足其他特殊需要

食品应尽可能满足人们的不同需求。例如，糖尿病人不能吃糖，则可用无营养甜味剂或低热能甜味剂，如三氯蔗糖或天门冬酰苯丙氨酸甲酯制成无糖食品供应。

（三）食品添加剂的安全使用

理想的食品添加剂最好是有益无害的物质。但事实上食品添加剂大多有一定的毒性，毒性除与物质本身的化学结构和理化性质有关外，还与其有效浓度、作用时间、接触途径和部位、物质的相互作用与机体的机能状态等条件有关。因此，不论食品添加剂的毒性强弱、剂量大小，对人体均有一个剂量与效应关系的问题，即物质只有达到一定浓度或剂量水平，才显现毒害作用。

并非天然的食品添加剂一定比人工化学合成的安全，实际许多天然产品的毒性因目前的检测手段，检测的内容所限，尚不能作出准确的判断，而且，就已检测出的结果比较，天然食品添加剂并不比合成的毒性小。

正规使用食品添加剂的食品，在安全上一般可以放心；但滥用食品添加剂和非法添加物的现象，在监管上存在难度，所以正确防范食品添加剂的危害应该注意以下几点：

1. 买东西养成翻过来看"背面"的习惯。尽量买含添加剂少的食品。
2. 选择加工度低的食品。买食品的时候，要尽量选择加工度低的食品。加工度越高，添加剂也就越多。
3. "知道"了以后再吃。了解食品中含有什么样的添加剂之后再吃。
4. 注意色香味的鉴别。看起来特别白净鲜亮的鱼虾、毛肚、鱿鱼或许用甲醛浸泡过；烧、烤、酱等肉类制品如有诱人的鲜红色，要提防使用了过量的亚硝酸盐；过于鲜艳的辣椒红和蛋黄红色可能加入了苏丹红；颜色很白或口感过分筋道的面食，则可能添加了过量的增白剂和增筋剂。

为了帮助人民群众合理营养，平衡膳食，促进健康，中国营养学会根据近年来科学研究的成果，针对我国居民的营养需要及膳食中存在的主要缺陷，制定了中国一般人群膳食指南共10条：

1. **食物多样、谷类为主、粗细搭配。**
2. **多吃蔬菜、水果和薯类。**
3. **每天吃奶类、豆类或其制品。**
4. **常吃适量德鱼、禽、蛋和瘦肉。**
5. **减少烹调油用量，吃清淡少盐的饮食。**
6. **食不过量，天天运动，保持健康体重。**
7. **三餐分配要合理，零食要适当。**
8. **每天足量饮水，合理选择饮料。**
9. **如饮酒，应限量。**
10. **吃清洁卫生的食物。**

第二节 适 当 运 动

不同人群、不同生理和病理状态，适当运动的内涵也不同。主要包括：①平常缺乏身体活动的人，如果能够经常参加中等强度的身体活动，他们的健康状况和生活质量都可以得到改善；②获得身体活动促进健康的有益作用不一定从事很剧烈的运动锻炼，日常生活中的身体活动也会带来健康促进效益；③增加身体活动量（时间、频度、强度）可以获得更大的健康促进效益；④不同的运动频度、时间、强度和形式促进健康的作用有所不同，综合耐力、肌肉力量和柔韧性活动和锻炼可以获得更全面的健康促进效益；⑤不同人群的运动能力、对运动的反应和适应过程以及社会属性均有差异，根据个人条件保持适度的身体活动。

一、有关运动的基础知识

（一）运动类型

运动类型一般分为有氧运动、力量运动和屈曲伸展运动，不同的运动类型产生的健康效益也有所不同。

1. 有氧运动。有节奏的动力运动，主要由重复的低阻力运动组成，运动中的能量主要来源于有氧代谢，又称耐力运动，如步行、骑车、游泳等，耐力运动能够提高人体的最大吸氧量，增加肌肉的线粒体的数量，使肌肉耐力增加，增强耐力素质或身体工作能力。

2. 力量运动。又称无氧运动或抗阻运动，主要由少量的高阻力运动组成，如举重、跳跃、快跑。通过特殊肌肉群的力量练习或循环阻力运动，可以增加肌肉体积和质量，增加肌力。

3. 屈曲和伸展运动。即准备和放松运动。缓慢、柔软、有节奏，可以增加肌肉和韧带的柔韧性，预防肌肉和关节损伤。

（二）运动强度

运动强度是以功能的百分数来表示的，包含一个相对于个体运动水平的度量。可根据最大吸氧量（VO_2max）、代谢当量 MET，1MET＝1kcal/（h·kg）、心率和自觉疲劳程度（RPE）来确定。日常运动中，以心率和自觉疲劳程度来判断运动强度的大小简便易行。常用衡量运动强度的指标之间的关系见表3-3。

表3-3　　　　　　　　　　运动强度衡量指标

运动强度	相当于最大心率（%）	自觉疲劳程度（RPE）	MET	相当于最大吸氧量（VO_2max,%）
低强度	40~60	较轻	<3	<40
中强度	60~70	有点累~稍累	3~6	40~60
高强度	71~85	累	7~9	60~75
极高强度	>85	很累	10~11	>75

注：最大心率＝220-年龄　1MET＝3.5mlO_2/（min·kg）＝1kcal/（h·kg）

不同的运动项目具有不同强度。同样的运动项目对不同身体活动水平的人，自觉疲劳程度也不同，即运动强度也不同。常见身体活动和体育运动的强度分类见表3-4。

表 3-4　　　　　　　　　　常见身体活动/运动的强度分类

低强度<3.0METs	中等强度 3.0~6.0METs	高强度>6.0METs
步行	中速快走(3.0mph,4.8km/h),3.3	急行军走(4.5mph,7.2km/h),6.3
散步、踱步,2.0	快速快走(4.0mph,6.4km/h),5	慢跑(5.0mph,8.0km/h),8.0
		跑步(7.0mph,11.2km/h),11.5
家务和职业活动	手洗衣服,擦窗户,洗车,3.0	搬运重物如砖,7.5
坐位工作,1.5	用抹布或拖布擦地,吸尘,3.0~3.5	重的农活,8.0
站位工作,2.0~2.5	搬运木头,修剪草坪,5.5	挖地沟,8.5
休闲运动和体育运动	慢速舞蹈,手动划船,3.0	足球,越野滑雪 2.5mph,7.0
打牌,刺绣,1.5	乒乓球,排球,双人网球,高尔夫,4.0	篮球/排球/乒乓球比赛,自行车(12~14mph),8.0
动力划船,2.5	羽毛球,篮球,快速舞蹈,4.5	足球比赛,10.0
垂钓,2.5	游泳,自行车(10~12mph),6.0	中快速游泳,8.0~11.0 或更多

（三）运动过程

每一次运动应包括准备活动、运动和恢复活动三部分。准备活动是指运动前的热身运动，一般为 10~15min。恢复活动是指运动后的整理运动，一般为 5~10min。为了保证运动的安全，应重视运动前的准备活动和运动后的整理活动。

（四）运动处方

一个运动处方应包括运动类型、运动强度、运动持续时间和运动频率四个要素。为了改善机体的功能，运动对器官或组织施加的应激是机体不习惯的负荷；重复的运动应激使机体的组织器官产生适应性，从而有助于改善功能。运动处方中的运动强度、持续时间和频率之间的相互作用，导致积累的运动负荷施加于机体而产生适应性反应。运动处方和药物处方内容的类比见表 3-5。

表 3-5　　　　　　　　　　运动处方和药物处方类比

药物处方	运动处方
药物名称	运动类型
药物剂量	运动强度
用药方法和疗程	运动持续时间和频率

二、运动对健康的有益作用

很多著名的随机对照临床试验和流行病学队列数据都揭示了身体活动与若干疾

病的关联，详见表3-6。

表3-6　　　　　　　　身体活动与疾病的关联证据和级别

疾病	规律身体活动降低风险证据	身体活动不足增加风险证据
心血管病	充分可信	
2型糖尿病	充分可信	充分可信
癌症	充分可信（结肠）	
	比较可信（乳腺）	
骨质疏松	充分可信	
肥胖	充分可信	充分可信

（一）全死因死亡率

尽管全死因死亡率是一个反映各种危险因素作用的综合指标，但身体活动同样是一个作用于多个系统的综合因素，因此身体活动与全死因死亡率的关联更全面的反映了身体活动对人类健康的影响。

与久坐少动生活方式或心肺功能水平低的人群相比，参加中等到大强度身体活动或心肺健康水平高的人，死亡率更低。在各种研究和不同人群中，身体活动与这种全死因死亡率降低的关联都是一致和显著的。

区别于休闲时间和职业相关的身体活动，外出往来有关的身体活动（例如每天骑自行车上班，并且累计30min以上），同样可以产生独立于其他休闲时间身体活动的有益作用。

对于已经处于发生慢性疾病的各种高危人群中，参加身体活动同样有效。例如，与久坐少动生活方式和正常体重的人群相比，超重或肥胖但身体活动较多和身体素质较好的人发生过早死亡的机会低。

（二）心血管疾病

有规律的适量运动对心血管健康具有重要作用，其有益作用主要表现在下列几个方面。

1. 降低心血管疾病危险因素

（1）运动有助于维持健康体重。运动增加能量消耗，促进新陈代谢，提高基础代谢率，调节能量平衡，防治肥胖。

（2）运动降低血压。运动有降压作用，尤其对高血压患者更为明显。运动训练通过降低交感神经活性、降低血容量和外周血管阻力以及扩张局部血管等机制，达到降压作用。

（3）运动防止和延缓动脉粥样硬化发生。运动减少体内脂肪，改善脂肪代谢，运动训练改善脂代谢过程中酶的活性，降低血总胆固醇、极低密度脂蛋白、低密度脂蛋白和甘油三酯，增加高密度脂蛋白。通过冠状动脉造影发现，以运动疗法为主的多项干预措施，可实现降低血胆固醇、延缓或逆转冠状动脉硬化的病理过程。

另外运动对糖尿病和心理健康的益处，也有助于降低心血管疾病的危险。

2. 改善周围心血管功能

（1）减轻心脏工作负荷。运动训练增加氧的摄取和动静脉氧差（A-VO$_2$），使骨骼肌摄取氧增强。在保证组织适量氧的情况下减轻心脏的工作负荷。

（2）增强肌肉氧化代谢能力。耐力运动训练可使心脏病人骨骼肌线粒体增加，氧化酶活性增高，肌肉氧化能力增强；骨骼肌毛细血管密度和血流增加等变化，使骨骼肌氧的利用率提高。

（3）增加最大摄氧量和身体工作能力。急性心肌梗死患者经过康复运动训练后最大摄氧量提高11%~56%，冠状动脉旁路移植术后的患者经康复运动训练3~6个月后最大摄氧量提高14%~66%。患者以较小的体力完成日常生活活动而不出现呼吸困难和疲劳感，这是心脏病患者耐力提高的表现。

3. 对心脏的有益作用

运动训练对冠状动脉结构和功能的有益作用主要表现：近端冠状动脉增粗和冠状动脉的扩张能力增强，从而增加了冠状动脉血流，使缺血心肌的血供得到改善，在心肌耗氧量不变的情况下，心电图缺血性改变减少。心肌梗死后患者参加康复运动，再梗死发生率降低。

4. 降低心脏病死亡率

参加心脏康复运动的心肌梗死患者均可以从运动中受益，至少3年内受益于运动。研究资料报道，心肌梗死患者参加康复运动降低死亡率大约为19%~29%，尤其降低心肌梗死后第一年的猝死率。研究发现冠心病患者每天进行中等强度身体活动30~60min，可起到保护心脏的作用，预防发生心脏意外和死亡。

运动训练降低死亡率与以下原因有关：运动改善冠脉侧支循环、增加缺血心肌的血供、心肌收缩能力增强及心血管工作效率提高。此外迷走神经功能增强和肾上腺素分泌减少，使心脏发生心律失常的易感性下降，避免发生致命的严重心律失常。

（三）糖尿病

很多前瞻性研究证实身体活动较多的人2型糖尿病发病率低于身体活动少的人。据估计，适宜水平的身体活动可以减少30%~50%糖尿病的新发病例。

有关身体活动的这种保护作用的生物学机制还没有完全研究清楚，但是可以知道主要包括胰岛素敏感性的增加、葡萄糖代谢的改善、发生动脉粥样硬化的危险降低和腹部脂肪的减少等因素。适应于规律的身体活动而产生的这种保护作用，可以在停止身体活动以后短时间内降低，身体活动预防和治疗糖尿病的作用似乎只来自于持续规律的身体活动。

（四）癌症

一些研究显示了身体活动预防结肠癌和结肠癌前病变的保护作用。身体活动降低结肠癌危险的机制包括影响前列腺素代谢、减少粪便在肠道的通过时间和增加抗氧化活性物质的水平。

多数研究报道身体活动多的妇女发生乳腺癌的危险降低。在绝经前、围绝经期和绝经后女性人群中，休闲时间或职业相关的身体活动伴随发生乳腺癌的危险度降低约30%。身体活动可以影响雌激素和孕激素的分泌、代谢和清除，是身体活动降低发生乳腺癌危险的可能原因。

有关身体活动与其他癌症的关联，目前的证据尚不足以作出结论。

（五）腰痛、骨质疏松、关节炎和跌倒

毕生参加身体活动可以提高、维持肌肉骨骼系统的健康，也可以延缓由于缺乏身体活动而产生的增龄性肌肉骨骼系统功能水平的降低。老年人参加身体活动，可以帮助其维持肌肉力量和关节的柔韧性，进而保持自己的独立生活能力、减少发生跌倒和股骨颈骨折的危险。在青少年和中年女性人群的研究中可见，承重的身体活动对于提高骨量峰值有重要意义。在有关的对照研究中，参加身体活动的程度、有氧工作能力和肌肉力量都与骨密度呈正相关关系。

身体活动的功能负荷具有增加骨量的作用，但是最有效的运动形式尚不清。有关文献的系统综述确认了身体活动可以降低老年人发生跌倒的危险，但现有的证据还不足以确定缺乏身体活动对于跌倒的独立贡献。

身体活动对于维持关节的健康是必需的，也有助于控制关节炎的症状。尚没有证据证明身体活动本身可以引起关节炎，但是随着运动强度和时间的增加，发生关节外伤的危险有增加趋势。普通人长期参加休闲性的跑步，没有发现增加发生关节炎的危险。

（六）抑郁、焦虑和紧张

一些观察显示休闲时间的身体活动和职业相关的身体活动可以缓解抑郁的症状，也可减少焦虑和紧张的症状。身体活动还可以产生其他影响心理健康的有益作用，例如，个体参加身体活动可以帮助儿童建立自信心和社会交往技巧，也可以使妇女产生更好的自我感觉，提高儿童和成年人的生活质量。这些效应的产生很可能是身体活动本身和参加身体活动所伴随的社会文化内容的共同作用。此外，参加身体活动可以减少青年人伤害自身和社会的行为。

三、运动处方

（一）针对普通成人的运动处方

1. 有氧运动

(1) 中等强度有氧运动≥30min/d，5天/周。
(2) 或高强度有氧运动≥20min/d，3天/周。
(3) 或中等强度有氧运动30min/d，2天/周，加上高强度有氧运动20min/d，2天/周。
(4) 运动时间可以累计，但≥10min/次。
(5) 运动频率至少隔天1次，最好每天1次。关键是养成每天都有一定身体活动的良好运动习惯，即有规律的运动。这是因为一方面平时缺乏身体活动的人，只有经过一定时间规律适量的运动积累，才能出现相应的健康效应；另一方面日常有适量运动的人，如果停止规律的运动，相应的健康促进效应会逐渐消失。

2. 抗阻运动

针对大肌肉群的中等或中小强度训练，每天10~20min，2~3天/周。

(二) 针对老年人的运动处方

由于老年人身体活动能力有不同程度的降低，并往往患有各种慢性疾病，因此，他们的身体活动/运动量和强度不同于成年人。主要以改善心肺功能，防治慢性病；保持肌肉力量、延缓肌肉丢失的速度，降低跌倒的危险，提高生活自理能力和生活质量为目的。老年人参加运动期间，应定期做医学检查和随访。在患有慢性疾病的情况下，应有健康管理师或医生参与制定运动处方。

1. WHO制定的老年人身体活动指南

(1) 老年人每天都应该达到一定量的身体活动，可以通过一定强度的有氧锻炼，也可以通过购物、做饭、打扫卫生等日常活动来达到适度的身体活动水平。
(2) 根据个人具体情况，从事伸展、放松、柔软体操、有氧运动和力量练习，兼顾有氧、肌肉力量、关节柔韧性和平衡能力。
(3) 运动方式：强调形式简单、温和的身体活动，如步行、慢速舞蹈、爬楼梯、游泳、骑自行车、坐位健身操等，即老年人感到力所能及、放松、快乐的运动锻炼。
(4) 老年人的运动锻炼应是规律的，最好每天都安排一定量的活动。

2. 老年人运动处方

根据WHO关于老年人身体活动指南，老年人运动处方如下：
(1) 中小强度有氧运动，如步行、慢跑、骑车、游泳等，每天累计30min，每次活动持续时间不少于10min，每周5~7天。
(2) 适当的力量运动，主要是对抗阻力的运动，可以借助哑铃、拉力器、带水的瓶子、沙袋和弹力带等，进行大肌肉群参与的运动，每周2~3天。
(3) 随时随地平衡和协调性锻炼，如单脚站立、踮脚走路、站起蹲下、椅上坐起坐下等，专门编排的舞蹈、体操和太极拳也是锻炼平衡和协调能力的很好方式。

（4）灵活和柔韧性锻炼，通过屈曲和伸展运动，锻炼关节的柔韧性，提高各种动作的灵活能力。如不进行其他运动，每周至少应进行3次以上，每次15min以上的柔韧性锻炼，如广播操、韵律操、各种家务劳动、舞蹈、太极拳等也包含关节柔韧性练习的成分。太极拳、太极剑等中国传统健身运动，动作舒展、柔和有节律，动中有静、静中有动，心境、动作与呼吸相配合协调，是老年人较理想的运动方式。

老年人的运动量应以体能和健康状况为基础，量力而行，循序渐进，并根据体能和健康状况变化随时进行调整，避免运动损伤。为了防止运动疲劳和运动损伤尤其是关节损伤，老年人应注意每次运动强度不要过大，运动持续时间不要过长，可以分多次进行，累计达到运动量。体重较大的老人和关节不好的老人，应避免爬山和登楼梯。

（三）心脏病运动处方

1. 适应症

无并发症的心肌梗死，稳定心绞痛，冠状动脉旁路移植术后，冠状动脉成形术后，代偿性心力衰竭，心肌病，心脏或其他器官移植术后，心脏手术如瓣膜置换、起搏器和除颤器植入，周围血管疾病，不适于手术的心血管疾病，合并糖尿病、高血压或高脂血症的冠状动脉疾病等。

2. 禁忌症

不稳定心绞痛，安静时收缩压>200mmHg（26.6kPa）或舒张压>110mmHg（14.63kPa），严重主动脉狭窄，急性系统性疾病或发热，未控制的房性和室性心律失常或窦性心动过速（>120次/分），失代偿的心力衰竭，三度房室阻滞（无起搏器），活动的心包炎或心肌炎，近期发生的栓塞和血栓性静脉炎，安静时ST段移位>2mm，未控制的糖尿病，严重的骨骼肌肉病变影响运动，其他代谢疾病如甲状腺炎、低血钾或高血钾、血容量减少等。

3. 运动处方总原则

运动类型以有氧运动为主，辅以适量抗阻运动，推荐的运动方式为步行。运动强度为中小强度，根据病情和体质随时调整，密切关注自觉疲劳程度。运动时间一般每天累计不少于15分钟，运动频率每周3天以上。

四、运动安全注意事项

身体活动降低发生心血管的危险和死亡率，但是剧烈运动可以诱发心血管意外。这种情况在健康的心血管系统不会发生，而受到影响的人都有心脏病理改变的基础，有些人发生意外时已经明确心血管病的诊断，有些人则是表现健康的隐性心脏病患者。小于35岁者发生运动猝死的可能性较小，美国报道按年计算发病率，女性为77万分之一，男性为13万分之一，原因以肥厚性心肌病为主。中老年人发生运动猝死和非致命性心肌梗死的危险增加,原因主要与血管动脉粥样硬化斑块的破裂有关。临床运动试验的统计显示,经过健康筛查,健康者发生意外的可能性很小,而高危病人各种心血管意外的发生率为万分之六。

运动外伤是另一类与运动有关的健康危害,其原因与准备活动不充分、疲劳、运动过度等有关,器材、着装、道路和场地等因素也与运动外伤的发生有关。运动强度、时间和频度的增加都伴随运动外伤发生率的增加,因此适度的运动量是需要控制的重要因素。概括起来运动的注意事项有以下几点:

1. 运动开始时立足于个人健康状况和目前的身体活动水平。根据目前的身体活动水平确定开始运动的强度和量,运动量、强度和类型应尽量满足个人要求,考虑可行性和方便的方式。对于缺乏日常活动的人,运动量应从小到大,循序渐进,逐渐增加运动量;先做有氧运动,后做力量或阻力运动;运动持续时间从短时间如 10min 开始,逐渐延长至 30min 或更长时间。

2. 肥胖者应注意体重负荷。对于体重比较大的肥胖者,为了减轻膝关节的压力,防止关节损伤,开始运动时应注意选择非承重运动,如平地自行车、固定自行车、游泳、水中漫步等,避免登山、上楼梯、跳绳等运动。

3. 重视运动前的准备活动和运动后的恢复活动。为了防止运动损伤,一开始不要做激烈的运动,尤其是进行力量训练时,运动前应做充分的热身活动。运动后注意整理活动。

4. 避免过量。运动过量一方面可导致运动损伤,另一方面不利于坚持运动。

5. 积极处理并发症。急性病一般是不能运动的,感冒和发烧后要在症状消失两天以上才能再进行运动。几乎所有的慢性病都可以进行运动,但要在病情得到控制的情况下运动。对有关节炎、腰痛、哮喘、高血压、糖尿病、心脏病、阻塞性睡眠暂停综合征等并发症者,应积极处理。

6. 运动调节能量平衡,必须同时对饮食进行调整。另外饭后不做剧烈运动,饭后剧烈运动可引起肠道痉挛、恶心和眩晕,亦可增加额外的心肌耗氧量,诱发心肌供血不足。

7. 注意穿着合适的衣服和鞋袜,以透气性好的棉质衣服和运动鞋为好。同时要注意运动环境和场地的清洁卫生,不要到空气污浊,氧气不充足的地方去运动。

8. 停止运动的指征。如有以下症状之一者,立即停止运动:不正常的心跳(如不规则心跳和过快的心跳、心悸、脉搏突然变慢);运动中或运动后即刻出现胸部、上臂或咽喉部疼痛或沉重感觉;特别眩晕或轻度头痛,意识紊乱、出冷汗、晕厥;严重气短;身体任何一部分突然疼痛或麻木;上腹部疼痛或"烧心";一时失明或失语。

第三节 戒烟限酒

一、吸烟的危害

吸烟对全球健康产生严重危害，已经成为各个国家的沉重负担。目前全球有烟民约13亿人，每年400万人因吸烟而死亡，其中70%来自于发展中国家。我国是烟草大国，吸烟人口超过3亿人，直接或间接受烟草危害者达7亿人，烟草产量是第二产烟大国（美国）的3倍。

烟草和烟雾中含4000种以上的化学物质，其中在气相中含近20种有害物质，有致癌作用的包括二甲基亚硝胺、二乙基亚硝胺、联氨、乙烯氯化物，其他有害物质如氮氧化物、吡啶和一氧化碳等。粒相的有害物质达30多种，其中促癌物质有苊、1-甲基吲哚类、9-甲基咔唑类等。尼古丁（烟碱，nicotine）是烟草中的依赖性成分，是吸烟成瘾的主要原因。吸烟引起的疾病几乎涉及全身各个系统，主要包括心脑血管疾病（如冠心病）、呼吸系统疾病（肺癌、慢阻肺等）、消化系统疾病（胃食管反流性疾病、消化性溃疡等）以及各种癌症等。其中我国吸烟致死的前三位疾病是慢性阻塞性肺病、肺癌、冠心病；在西方国家吸烟致死的前三位疾病是心血管疾病、肺癌、慢性阻塞性肺病。

戒烟1年内冠心病危险减至吸烟者的一半。5年内与吸烟者（每天一包）比较，肺癌死亡率由1.37%降至0.72%，或近于不吸烟者的死亡率；口腔、呼吸道、食管癌发病率降到吸烟者的一半；心肌梗死的发病率几乎降低到非吸烟者的水平。10年内癌前细胞被健康的细胞代替，肺癌的发生率降至非吸烟者的水平；口腔、呼吸道、食管、膀胱、肾脏、胰腺的癌症发病率明显下降。15年内冠心病的危险与不吸烟者相同。英国相关队列研究表明，吸烟者如能在35岁以前戒烟，则死于烟草相关疾病的危险性明显下降，几乎与不吸烟者相近。因此，任何时间戒烟都不算迟．而且最好在出现严重健康损害之前戒烟。

二、戒烟的方法

为减少烟害，世界第一个旨在限制全球烟草和烟草制品的公约《烟草控制框架公约》于2005年2月27日在全球40个国家生效，它是由世界卫生组织主持达成的第一个具有法律效力的国际公共卫生条约，也是针对烟草的第一个世界范围多边协议。2005年我国全国人大通过世界卫生组织《烟草控制框架公约》的决定，2006年1月9日《烟草控制框架公约》在我国正式生效。

当今控烟已成为世界性潮流，但吸烟是一种长期的容易复发的行为，每年数千万的吸烟者想要戒烟，而且他们当中的许多人已经努力戒烟，但是吸烟具有很强的成瘾性，很难成功，自然条件下人群戒烟率每年仅2%左右。主要原因是烟草中所含的尼古丁具有依赖性。吸烟时尼古丁优先与中枢神经系统尼古丁乙酰胆碱（nACh）受体结合，导致神经核释放多巴胺，多巴胺引起愉悦和安静的感觉，而两次吸烟的间隔多巴胺降低可引起易怒和紧张等戒断症状，继而吸烟者渴求尼古丁以释放更多的多巴胺来恢复愉悦和安静；尼古丁竞争性与尼古丁乙酰胆碱受体结合导致激动延迟、敏感性减低及乙酰胆碱受体上调。尼古丁浓度降低后，受体回复开放状态导致过度兴奋从而引起尼古丁渴求，需要更大剂量的尼古丁（烟草）来缓解戒断症状，从而构成尼古丁成瘾环路。

停止吸烟后，会产生尼古丁的戒断症状，4周内可能出现易激怒、沮丧或愤怒，失眠或睡眠障碍，焦虑（戒烟时可能增加或减低），烦躁不安或抑郁的心境，集中精力困难，不平静或无耐心，10周内食欲增加或体重增加。故戒烟过程的实施比较复杂，需要社会学、行为医学、心理医学、生物医学的共同参与，例如教育、劝告与建议、强大的支持以及药物和其他干预措施的行政管理，使个人乃至整个人群减轻甚至战胜烟草依赖症状。可把吸烟者分为三个人群，区别对待：愿意戒烟的吸烟者；此时还不愿意戒烟的吸烟者；曾吸烟者。

（一）愿意戒烟的吸烟者——5A法帮助戒烟

已经证明可用于治疗那些有戒烟愿望的吸烟者，为目前国际通用的戒烟方法。5A指询问（ask）、建议（advice）、评估（assess）、帮助（assist）和安排随访（arrange）。

第一步：询问——了解患者是否吸烟：将吸烟包括到主要检查指征范围内，主要指征包括血压、脉搏、体重、温度、心率、吸烟状态（现在、曾经、从不）。每次就诊时都对患者吸烟状态进行询问，对于吸烟的患者，要询问他们对尼古丁的依赖程度及其对戒烟的兴趣，鉴别其是否为愿意戒烟的吸烟者。

尼古丁依赖性评分表见表3-7。

表3-7　　　　　　　　　　**Fagerstrom尼古丁依赖性评分表**

评估内容	0分	1分	2分	3分
您早晨醒来后多长时间吸第一支烟草？	>60min	31~60min	6~30min	≤5min
您是否在许多戒烟场所很难控制吸烟的需求？	否	是		
您认为哪一支烟您最不愿意放弃？	其他时间	早晨第一支		
您每天抽多少支烟？	≤10支	10~20支	21~30支	>30支
您早晨醒来第一小时是否比其他时间吸烟多？	否	是		
您卧病在床仍旧吸烟吗？	否	是		

注：0~3分为轻度依赖；4~6分为中度依赖；≥7分提示高度依赖。

第二步：建议——以一种清晰的、强烈的、个性化的态度劝说每一个吸烟者戒烟。清晰——"我想你现在开始戒烟非常重要，而且我可以帮你""你生病时才戒烟是不够的"；强烈——"作为你的健康管理师或医生，我想让你知道戒烟是保护你现在和将来健康的最重要的事情"；个性化——将吸烟与当前的健康状况、疾病、社会经济负担、戒烟愿望和意愿以及烟草使用对孩子和家里其他人的影响联系起来。

第三步：评估——明确吸烟者戒烟的意愿：询问每位吸烟者现在是否愿意戒烟（例如在今后的30天内）。如果患者此时愿意戒烟，为其提供帮助。如果患者明确表示现在不愿戒烟，为其提供动机干预。如果吸烟者是特殊人群的一员（如青少年、孕妇、少数民族），就要为其提供更多的信息。

第四步：帮助

1. 帮助患者制定戒烟计划：首先确定目标戒烟日，理想的戒烟时间应在两周内。告知家人、朋友和同事自己正在戒烟，寻求理解和支持。预料在戒烟过程中会遇到的挑战（如尼古丁戒断症状），特别是在关键的头几周内。将烟草产品从你的环境（如工作场所、家里和车上）中去掉。

2. 提供戒烟咨询（解决问题和培训）：自始至终的自制力是至关重要的。"从戒烟日开始以后哪怕一小口也不能吸。"回顾以前的戒烟经历，确定哪些因素有助于戒烟，哪些导致复吸。预期今后要遇到的挑战和困难，讨论这些问题以及如何成功地克服它们。饮酒很容易导致复吸，戒烟者应考虑在戒烟期间少喝或者戒酒。房间里有其他吸烟者时常使戒烟变得更加艰难，吸烟者应该鼓励室友和他一起戒烟或当他在时不要吸烟。

3. 提供治疗中的社会支持：在鼓励吸烟者戒烟时应该提供支持性环境。"我们办公室全体都愿帮助您戒烟。"帮助吸烟者获得治疗以外的社会支持环境。"让您的配偶、朋友和同事支持您戒烟。"

4. 提供辅助资料：多来源于非赢利性机构和卫生部门或国家控烟办公室。选择资料要根据吸烟者的文化风俗、民族、教育程度和年龄特点。

5. 推荐药物治疗：推荐使用有效的药物治疗。给吸烟者解释这些药物是如何增加戒烟成功率和减轻戒断症状的。烟草依赖的一线治疗药物有尼古丁替代治疗的尼古丁制剂（尼古丁口香糖、尼古丁吸入剂、尼古丁喷雾剂、尼古丁贴片）和盐酸安非他酮，尼古丁替代治疗的目的是替代烟草中的部分尼古丁成分，减少因戒烟导致的戒断症状，盐酸安非他酮缓释剂的戒烟效果较肯定，特别对合并戒烟过程中抑郁症患者，如与尼古丁制剂联合使用，效果更明显；二线药物有可乐定、去甲替林。另外戒烟新药尼古丁受体拮抗剂伐尼克兰已经完成3期临床试验，戒断率显著高于安慰剂。

6. 处理戒断症状：需要告知患者寻找克服戒断症状的方法，并强调这些症状出现在早期，戒烟成功后会消失，而且还会感觉比戒烟前更轻松、更充满活力。

第五步：随访——吸烟者开始戒烟后，应安排长期随访，随访时间至少6个月。近期的随访应频繁，安排在戒烟日之后的第1周、第2周和第1个月内，总共随访次数不少于6次。随访时应重点交流戒烟的益处、戒烟方面取得的成绩、在戒烟过程中遇到的困难、戒烟药物的效果和存在的问题、今后可能遇到的困难等。

（二）此时不愿戒烟的吸烟者

主要采用5R动员方法，即相关（relevance）、风险（risks）、益处（rewards）、障碍（roadblocks）、反复（repetition），用来动员当时不愿意戒烟的烟民。

1. 相关——要尽量帮助吸烟者懂得戒烟与个人密切相关，如果能与患者发病情况、危险性、家里或社会情况（如家里有小孩）、健康问题、年龄、性别以及患者其他重要的特征（如以前戒烟经验，个人造成的戒烟障碍）联系起来，会达到最佳的效果。

2. 风险——告知吸烟者吸烟可能造成的负面影响。健康管理师或医生要着重强调吸含焦油低的/尼古丁低的香烟或其他形式的烟草（如无烟的烟草、雪茄和烟斗）并不能减少这些危险。

短期危害：呼吸急促，哮喘恶化，不利于怀孕，阳痿，增加血液中一氧化碳的含量。

长期危害：心脏病或中风，肺癌或其他癌症（喉、口腔、咽、食道、胰腺、膀胱、子宫颈），慢性阻塞性肺部疾患（慢性支气管炎和肺气肿），长期残疾和植物人。

环境危害：增加吸烟者配偶患肺癌和心脏病的几率；儿童吸烟产品的概率增加；使得新生儿体重降低的概率增加，婴儿猝死综合征发病率上升；增加青少年吸烟者得哮喘、中耳炎和呼吸道感染的概率。

3. 益处——应当让吸烟者识别戒烟的潜在好处。这些益处包括：促进健康，增加食欲，改善体味，节约金钱，自我感觉良好，家里、汽车内、衣服上气味更清新，呼吸也感到更清新，不用再担心戒烟，为孩子做一个良好的榜样，有更健康的婴儿和孩子，不再担心吸烟会影响别人，身体感觉更舒服，在体育活动中表现更好，减少皮肤皱纹或皮肤老化等。

4. 障碍——告知吸烟者戒烟的障碍，并教导如何处理那些可以辨别的阻碍。典型的阻碍如下：不良反应，害怕失败，体重增加，缺乏支持，抑郁，喜欢吸烟。

5. 反复——对于以前的戒烟尝试中失败的吸烟者，必须告知他们大多数人在成功戒烟之前也曾多次反复。

（三）曾经吸烟并已经戒断者

主要是防止复吸。大多数复吸发生在戒烟后不久，尤其是前8天。需要辨别那些可能不利于成功戒烟的情况，可能的情况与相应的对策如下：

1. 缺少支持：对戒烟者随访或电话访问，帮助其分辨周围支持的力量（治疗外支持），介绍戒烟者参加一个可以提供戒烟咨询或支持的组织。

2. 心情不好或压抑：提供咨询并给予合适的药物或为其介绍专家。

3. 强烈或持续的不良反应：如果报告强烈或持续的不良反应，需考虑进一步使用药物疗法。

4. 体重增加：鼓励开始或增加体育锻炼，反对严格的节食。使用熟知的药物来阻碍体重增加（例如盐酸安非他酮，尼古丁替代疗法，尤其是尼古丁口香糖）。

5. 精神萎靡不振或时常感到饥饿：使戒烟者确信这些感觉是正常的，介绍戒烟的益处。强调开始吸烟（甚至鼻烟）将增加吸烟的欲望，使戒烟变得更困难。

三、关于饮酒

现代医学对酒和人类的健康，特别是与慢性非传染性疾病的关系进行了大量的研究，但迄今为止还没有得出十分肯定的结论。这主要是研究方法的困难，酒的品种和浓度种类繁多，不易对各种酒的酒精含量进行分类和标定，个人饮酒的量和品种变化很大，不易准确估测。基于此，饮酒与健康的关系说法不尽一致。目前比较一致的看法是：

1. 大量饮酒明显增加死亡风险，饮酒量越大危害越大。一次性大量饮酒主要导致急性酒中毒、心脑血管事件、急性胰腺炎及消化道大出血等。急性酒中毒程度较深，血液浓度超过 0.4%，可致呼吸、心跳抑制导致生命危险，也有部分呕吐窒息或酒后冻伤致死者。同时一次性大量饮酒还可能导致事故及暴力的增加，影响社会安定。

长期大量饮酒引起各脏器的损害及人体营养状况低下。一方面因大量饮酒使碳水化合物、蛋白质和脂肪等营养素摄入减少；另一方面大量饮酒可造成肠粘膜的损伤及对肝脏、胰腺的功能损害，影响营养物质的消化、吸收、转运和利用。另外还导致消化道癌症、骨质疏松及酒精依赖、成瘾等健康问题。

2. 适量饮酒对人体健康有益。主要体现在不饮酒者心脑血管病发病和死亡危险高于少量饮酒者，即饮酒量与心脑血管发病危险呈一种所谓 U 型或 J 型关系。

故饮酒的利弊不能绝对化，应根据其他情况综合考虑。从医学角度看，对待饮酒的一般原则是：

1. 重度饮酒和酗酒者一定要减量或戒酒。
2. 轻中度饮酒者不一定要强制改变原有习惯，而由本人抉择。
3. 不提倡用饮酒作为预防心血管或其他疾病的方法。

喝多少酒为适量？一般认为成年男性一天饮用酒的酒精量不超过 25g，相当于每日饮酒量为白酒不超过 50ml、啤酒不超过 750ml，葡萄酒不超过 250ml。成年女性一天饮用酒的酒精量不超过 15g，相当于白酒 30ml、啤酒 450ml 或葡萄酒 150ml。

其他类型的酒可按其酒精含量折算。

喝酒的顺序应为：红、黄、白。近年的研究表明，红葡萄酒对人的益处最大，红葡萄酒含有丰富的皮素和白藜芦醇，两者都能减少心血管疾病的发生，法国人饮食的胆固醇含量较高，但心脏病的发病率较低，与法国人饮用葡萄酒有较大的关系。皮素和白藜芦醇还有一定的防癌功效，皮素能帮助人体消除、降解致癌物，抑制癌基因的表达；白藜芦醇能防止癌变，阻止癌细胞的扩散。同时，适量饮酒还可使胃液分泌增加，有益消化。

第四节 心理健康

心理健康问题已是当今世界人群健康的重要组成部分。中国医学科学院刘德培院长在2011年4月《中国医学科学院北京协和医学院健康管理工作会议上的讲话》中说，"心理因素上，每个人的心理承受能力不一样。承受能力不一样，就会影响我们的状态。过去中医很注意这件事。有中医给人看病说，老太太，你的病是气出来的。以前有人说不科学，现在看来，这是大科学。是什么呢？是神经免疫内分泌网络"。形象地揭示了心理因素的重要性。

一、心理健康问题的含义与标准

心理健康是通过积极有益的教育和措施，维护和改进人们的心理状态，去适应当前和发展的社会环境。但心理健康是一个相对的、比较的概念，著名临床心理学家 Karl Menninger 对于心理健康的含义进行了充满人性化的论述。他提出，对于一般人来说不能用"健康"或"异常"这两个极端的概念来评判，每个人都处在一条直线上，这条直线的一端是完全健康而另一端是完全异常。人们都不是处在完全健康和完全异常的两个端点上，而是在这条直线上不固定地游移。即使人们所处的心理健康状态较差，也不能说明是该人整体上的失败，而仅仅是个人内在资源在消耗，这消耗是自己在维持心理健康状态所付出的心理防御代价。这就像一个人被细菌感染时出现发烧的症状一样，发烧是机体在与细菌抗衡中的一种反应，这并非说明此人的机体已彻底崩溃。根据 Karl Menninger 的观点，对于一个出现心理问题的人来说，只能说明他正处在心态健康问题需要调整的阶段而并非都是严重精神疾患的恶兆。

心理健康的评判也具有相对性，诸多心理学家都提出了自己的看法，其中美国心理学家马斯洛的十项标准得到了较多的认可。

1. 有充分的适应能力。
2. 充分了解自己，并对自己的能力做恰当的估计。
3. 生活目标能切合实际。

4. 与现实环境保持接触。
5. 保持人格的完整和谐。
6. 有从经验中学习的能力。
7. 能保持良好的人际关系。
8. 适度的情绪发泄和控制。
9. 在不违背集体意志的前提下,有限度的发挥个性。
10. 在不违背社会规范的前提下,个人基本需求能恰当满足。

我国心理学家归纳的五条标准较为简洁实用,包括智力正常、情绪良好、人际和谐、社会适应、人格完整。

二、心理健康问题的层次与分类

心理健康问题通常可分为两个层次:

(一) 心理困扰

这是一种心理方面的亚健康状态。每个人在成长发展过程中,由于社会生活中各种内外因素的影响,会产生一事一时的情绪波动或行为变化,这是正常的现象。但如果情绪波动较大,行为适应出现问题,而且持续时间也较长,影响到生活、学习、工作及其他的不良社会功能,这就进入到心理困扰状态。有的人能通过自我调整得以改善或恢复,有的则因自我调节力量有限,方法不恰当,同时又未能得到外来有效的支持和帮助,心理困扰的程度就会逐渐加重,向心理障碍转化。

不佳的心理状态不仅体现在情绪方面,躯体上的不适也会是一种间接的提示和反应。如不同程度的头疼头胀,腰酸背痛,四肢乏力,腹胀纳差,咽部梗感,睡浅梦多等。这些体征往往似是而非,对于自我敏感者则较为明显。但若进行体格检查或实验室检查,其结果一般均是阴性。心理状态不佳还可以表现在社会适应方面,如处事急躁或冷漠,缺乏热情,无所事事,交往减少,拖拉懒散,办事退缩等。

近年来,各国学者对心理状态问题有很大的关注和研究。若要从精神医学的角度来评估心理困扰,一般难以把不良的心理状态归入到诊断标准的范围之内。例如2001年《中国精神障碍分类与诊断标准》(第三版)对于恶劣心境的诊断标准是:持续存在的心境低落,但不符合任何一型抑郁的症状标准,同时无躁狂症状。符合症状标准和严重标准至少2年,在这2年中很少有持续2个月的心境正常的间歇期。所以对于恶劣心境的病人的诊断标准十分严格,而在一般情况下符合诊断标准的来访者并不很多。但在日常生活中处于抑郁、焦虑、恐惧、强迫、疑病、躯体不适状态的人却很多,关心人们的心理状态的健康程度十分必要,及时、有效地处理能尽快地帮助员工摆脱心理困扰,消除症状,恢复良好的社会功能。

(二) 心理障碍 (精神疾病)

心理障碍指在各种生物、心理以及社会环境因素的影响下,大脑机能受到影响或损害，导致认知、情感、意志、行为等精神活动不同程度障碍的疾病。根据我国的精神疾病分类方案与诊断标准，心理障碍可以分为非精神病性精神障碍和精神病性障碍两大范围，这些都被归入到精神疾病的范畴。

1. 精神病性障碍

临床中患者有严重的精神疾病症状，如有妄想、幻觉，情感淡漠或不协调，意志障碍和行为严重反常，没有自知力等。主要的疾病有精神分裂症、脑器质性精神障碍、躯体疾病所致的精神障碍、偏执性精神病、情感性精神障碍等。

2. 非精神病性精神障碍

非精神病性精神障碍患者主要表现为不具备精神病性症状，而是出现焦虑、紧张、恐惧、抑郁、强迫、疑病等症状或有人格方面的改变。起病与心理社会因素有关。病人能了解和认识自己的患病情况，有求医的愿望。主要疾病有神经症（焦虑、恐惧、强迫、疑病症）、躯体形式障碍、抑郁、适应障碍、创伤后应激障碍、睡眠障碍、饮食障碍、心因性性功能障碍、人格障碍等。

一般人们在提到精神疾病时就容易联想到精神分裂症，以为只要是患精神疾病都会出现意识丧失，思维紊乱，感知失真，行为反常，无自知力等严重的症状。实际上，具有上述精神分裂症终身患病的病人只占很少的比例，人群中的患病率只有 5.18‰~8.18‰。而大多数有心理障碍的病人却很少有上述表现，属于非精神病性精神障碍。这类患者意识清楚，无幻觉妄想，没有严重脱离社会生活，有求医的愿望。这是两类性质不同的心理障碍（精神疾病），应加以严格鉴别、区分和不同处理。尤其不要把非精神病性精神障碍视为精神病性障碍的早期病症，看做是同种疾病的不同病程阶段。

人群中最常见的心理障碍分述如下：

（1）神经症。神经症在人群中的发病情况很普遍。这是一组主要表现为焦虑、抑郁、恐惧、强迫、躯体形式障碍等精神障碍。神经症的患者有一定人格基础，起病常受心理社会（环境）因素影响。症状没有可证实的器质性病变作基础，与病人的现实处境不相称，但病人对存在的症状感到痛苦和无能为力，自知力完整或基本完整，病程多迁延。

（2）恐惧症。这是一种以过分和不合理地惧怕外界客体或处境为主的神经症。病人明知没有必要，但仍不能防止恐惧发作，恐惧发作时往往伴有显著的焦虑和自主神经症状。病人极力回避所害怕的客体或处境，或是带着畏惧去忍受。恐惧症又可分为场所恐惧症，社交恐惧症和特定的恐惧症三种。

（3）焦虑症，是一种以焦虑情绪为主的神经症。主要分为惊恐障碍和广泛性焦虑两种。焦虑症的焦虑症状是原发的，继发于高血压、冠心病、甲状腺功能亢进等躯体疾病的焦虑应诊断为焦虑综合征。

（4）强迫症，是一种以强迫症状为主的神经症，其特点是有意识的自我强迫和反强迫并存，二者强烈冲突使病人感到焦虑和痛苦；病人体验到观念或冲动系来源于自我，但违反自己意愿，虽极力抵抗，却无法控制；病人也意识到强迫症状的异常性，但难以摆脱。

（5）躯体形式障碍，是一种以持久地担心或相信各种躯体症状的优势观念为特征的神经症。病人因这些症状反复就医，各种医学检查阴性和医生的解释，均不能打消其疑虑。即使有时存在某种躯体障碍也不能解释所诉症状的性质、程度，或其疼痛与优势观念。经常伴有焦虑或抑郁情绪。尽管症状的发生和持续与不愉快的生活事件、困难或冲突密切相关，但病人常否认心理因素的存在。此障碍男女均有，为慢性波动性病程。常见的类型有躯体化障碍，疑病症，躯体形式自主神经紊乱、持续性躯体形式疼痛障碍等。

（6）轻性抑郁症。轻性抑郁症指的是症状程度较轻的抑郁症。抑郁同样表现为心境低落，与其处境不相称，可以从闷闷不乐到悲痛欲绝。通常表现为兴趣丧失、无愉快感；精力减退或疲乏感；精神运动性迟滞或激越；自我评价过低、自责，或有内疚感；联想困难或自觉思考能力下降；睡眠障碍，如失眠、早醒，或睡眠过多；食欲降低或体重明显减轻；性欲减退等。但总的情况并不非常严重，有主动的求治愿望。

（7）适应障碍。因长期存在应激源或困难处境，加上病人有不一定的人格缺陷，产生以烦恼、抑郁等情感障碍为主，同时有适应不良的行为障碍或生理功能障碍，并使社会功能受损。病程一般不超过6个月。通常在应激性事件或生活改变发生后1个月内起病。有抑郁、焦虑、害怕等情绪症状和退缩、不注意卫生、生活无规律等适应不良的行为，同时常伴有睡眠不好、食欲不振等生理功能障碍。随着时过境迁，刺激的消除或者通过一定的调整适应了新的环境，精神障碍随之自行缓解。

（8）创伤后应激障碍。这是由异乎寻常的威胁性或灾难性心理创伤，导致和出现长期持续的精神障碍。主要表现为反复发生闯入性的创伤性体验重现、梦境，因面临与刺激相似或有关的境遇而感到痛苦和不由自主地反复回想，持续的警觉性增高，持续的回避行为或对创伤性经历的选择性遗忘，对未来失去信心等。

（9）失眠症，是一种以失眠为主的睡眠质量不满意状况，其他症状均继发于失眠，包括难以入睡、睡眠不深、易醒、多梦、早醒、醒后不易再睡、醒时不适感、疲乏，或白天困倦。失眠可引起病人焦虑、抑郁或恐惧心理，导致精神活动效率下降并影响社会功能。

（10）气功所致精神障碍。气功是我国传统医学中健身治病的一种方法。通常做法是维持一定体位、姿势，或做某些动作，使注意集中于某处，沉思、默念、松弛及调节呼吸等，可出现某些自我感觉和体验。气功所致精神障碍系指由于气功操练不当，处于气功状态时间过长而不能收功的现象，表现为思维、情感及行为障碍，并失去自我控制能力，俗称练气功"走火入魔"。

（11）病理性赌博。病人有难以控制的赌博和浓厚兴趣，并有赌博行动前的紧张感和行动后的轻松感。赌博的目的不存于获得经济利益。通常表现为自己诉说具有难以控制的强烈赌博欲望，虽然努力自控，但不能停止赌博。专注于思考或想象赌博行为或有关情境。病人知道这些赌博发作没有给个人带来收益，对社会、职业、家庭均有不利的影响，但仍然不愿放弃赌博。

（12）注意缺陷与多动障碍（儿童多动症），是发生于儿童时期（多在3岁左右），与同龄儿童相比，表现为同时有明显注意集中困难、注意持续时间短暂及活动过度或冲动的一组综合征。症状发生在各种场合（如家里、学校和诊室），男童明显多于女童。主要表现为学习时容易分心，不专心听讲，上课时常做小动作，做作业拖拉，常常出现粗心大意的错误，经常丢失或特别不爱惜东西，难以始终遵守指令，做事难于持久，难以遵守集体活动的秩序和纪律，干扰他人的活动，容易兴奋和冲动，易与同学发生纠纷，不受同伴欢迎等。

（13）性心理障碍（性变态）。有异常性行为的性心理障碍。特征是有变换自身性别的强烈欲望（性身份障碍）；采用与常人不同的异常性行为满足性欲（性偏好障碍）；不引起常人性兴奋的人物，对这些人有强烈的性兴奋的作用（性指向障碍）。除此之外，与之无关的精神活动均无明显障碍。不包括单纯性欲减退、性欲亢进及性生理功能障碍。

（14）人格障碍，指人格特征明显偏离正常，使病人形成了一贯的反映个人生活风格和人际关系的异常行为模式。这种模式显著偏离特定的文化背景和一般认知方式（尤其在待人接物方面），明显影响其社会功能与职业功能，造成对社会环境的适应不良，病人为此感到痛苦并已具有临床意义。病人虽然无智能障碍但适应不良的行为模式难以矫正，仅少数病人在成年以后程度上可有改善。通常开始于童年期或青少年期，并长期持续发展至成年或终生。人格障碍中又可分为偏执性、分裂性、反社会性、冲动性、表演性、强迫性、焦虑性、依赖性等多种类型。如果人格偏离正常系由躯体疾病（如脑病、脑外伤、慢性酒精中毒等）所致，或继发于各种精神障碍应称为人格改变。

（15）精神分裂症。本症是一组病因未明的精神病，多起病于青壮年，常缓慢起病，具有思维、情感、行为等多方面障碍及精神活动不协调。通常意识清晰，智能尚好，有的病人在疾病过程中可出现认知功能损害，自然病程多迁延，呈反复加重或恶化，但部分病人可保持痊愈状态。主要症状表现为反复出现的言语性幻听；明显的思维松弛、思维破裂、言语不连贯或思维内容贫乏；思想被插入、被撤走、被播散、思维中断或伴有强制性思维；有被控制或被洞悉体验；原发性妄想（包括妄想知觉，妄想心境）或其他荒谬的妄想；思维逻辑倒错、有病理性象征性思维或语词新作；情感倒错或明显的情感淡漠；有紧张综合征、怪异行为，或愚蠢行为；明显的意志减退或缺乏。有自知力障碍，社会功能严重受损。

另外还需阐明心身健康与身心健康的概念。心身健康是对心身疾病而言，心身疾病又称为心理生理疾病，是指由于心理因素所致的躯体器质性疾病。这类疾病的发生和发展与生活应激状态有密切关系，机体有器质性病理改变，伴有明显的躯体症状，但又不属于躯体形式的精神障碍。如高血压、冠心病、胃溃疡、支气管哮喘、甲亢、糖尿病、斑秃等。

身心健康是对身心反应而言。当病人患有某种躯体疾病时会出现因躯体疾病所致的心理反应，或者病人患有躯体疾病后继发出现心理问题或心理障碍。例如肺心脑病后期出现的精神惶惑、神志不清、幻觉妄想等症状；癌症病人常伴有的恐惧、焦虑和抑郁；手术病人在手术前后出现的焦虑、抑郁、谵妄和持续疼痛；慢性病人常见的外向投身、内向投射和病人角色习惯化等心理问题。

实际工作中还应注意和识别躯体化障碍，这是一种多种多样、经常变化的躯体症状为主的神经症。症状可涉及身体的任何系统或器官，最常见的是胃肠道不适，异常的皮肤感觉，皮肤斑点，性及月经方面的主诉也很常见，常存在明显的抑郁和焦虑。呈现为慢性波动性病程，常伴有社会、人际及家庭行为方面长期存在的严重障碍，通过体检和实验室检查都不能发现躯体疾患的证据，对症状的严重性、变异性、持续性或继发的社会功能损害也难以作出合理的解释。女性远多于男性，多在成年早期发病。

三、心理问题的评估与诊断

要对有心理困扰并要求接受帮助的员工进行干预处理，必须首先对他们的心理问题进行评估（assessment）及诊断（diagnosis）。评估有别于诊断，评估是对员工来访者整体、全面的了解，是诊断工作的基础，而诊断则是根据精神医学的分类标准对于病人的心理障碍进行归类和判断。评估是一个过程，并非在初次接触谈话后都能完成，有的需要经过多次交流沟通才能做到广泛、深入、全面的评估。

评估一般可以通过自我功能评估、境遇问题评估、来访动机评估、紧急状况和危机评估、处理方法评估等五个方面进行。

（一）自我功能评估

根据员工来访者提供的信息对员工来访者的行为方式、情绪状态、思维模式及人格特点做出评估。

1. 功能的评估指标

评估一个人的自我功能即评估其自我发展的状况，通常可以从以下 10 个方面来体现自我功能的健全程度：

（1）能善待自己和善待别人，对他人具有爱心，能和别人建立稳定持久的良好人际关系。

（2）能敏锐地感受自己喜、怒、哀、乐的情绪状态，并能贴切地表达这些感受。

（3）能认识和维护自己合理权益。

（4）能确定自己持续努力的目标，在达到目标后能获得一定的满足感。

（5）能做到在工作中持之以恒，克服困难，努力学习，不断进取，尽心尽力。

（6）能合理安排时间，做到有张有弛，劳逸结合。

（7）能适应不同的环境，同时又有在一定范围内改变不良环境的想法和行动。

（8）能做到自我控制，对己既不放纵也不过于苛刻。

（9）能独立对事物作出判断及决定，并能对所作决定的结果承担责任。

（10）能合情合理地评价环境、评价自己及评价未来。

2. 自我功能评估的实施

健康管理师可以参考以上 10 个方面来衡量一个人的自我功能健全的程度，同时也需要考虑通过哪些方法，从哪些方面着手实施对员工来访者的自我功能的评估。

（1）环境适应。从对员工来访者生活经历，工作状态，家庭结构，家庭成员的关系，学习工作的实绩及与外界的接触能力去了解他们对所处环境的适应程度。

（2）人际关系。对于员工来访者人际关系的评估可以从两个方面着手。一方面了解他们与别人相处的能力、效果、维持时间、关系的深度以及在建立人际关系方面的困难、挫折等情况。另一方面是评估员工来访者与健康管理师或医生建立关系的情况，如是否能对健康管理师或医生接纳，信任与合作。是否在医患关系方面出现阻抗或是从交谈的气氛中观察医患关系的和谐程度。

（3）成熟程度。评估成熟程度可以从员工来访者对事物的认真态度、判断能力、个人主见及自我激励等情况进行观察。如果员工来访者的表现与其年龄不符，显得不成熟，健康管理师就应对此情况有所估计，对于某些重要的信息应考虑由父母或亲属来补充提供，以求更全面地了解。

（4）应对能力。如何处理有压力的生活事件的态度和方法，这能体现一个人的应对能力。如果当某些需求一时无法得以满足时表现为沮丧、失望、消极、退缩还是能正确对待挫折，不气馁，不自责，能想方设法改善不利因素，努力克服困难，度过艰难的阶段，是区分应对能力高低的指标。

（5）自我认同。自我认同是指自己对自我的了解程度，明确自己的向往和追求，满意自己的形象以及清楚自己的不足和困扰的心理特征。健康管理师对于员工来访者自我认同的评估最好的方法是要求员工来访者详细地描述一下对自己的看法，无论是正面的描述还是负面的看法，如缺点、失望等，实际上都能从不同的角度反映出他的自我认同的程度。

总之，为了心理健康问题来求助的员工来访者都有各自的人格特点，所以不能一概而论，而是根据每个人的具体情况，了解他们的能力、资源、弱点、内在动力及协同性等，以便对员工来访者的整体功能作出客观全面的评估。

（二）境遇问题评估

此评估的目的是了解员工来访者所遇到的社会生活事件，出现的问题及如何构成心理压力和困扰的背景。即使面对相同的事件，但每个人所作出的反应是不同的，有人可以看得轻描淡写，有的人却认为是大难临头。所以只有当健康管理师或医生对于员工来访者本人及境遇有整体的了解，才能产生同感，构成有深度的评估。

通常的初次会谈，员工来访者一般都倾向于表述自己境遇的过程，倾吐自己情绪和看法，但不等于就能向健康管理师或医生谈出真正的问题。这里涉及对健康管理师或医生的信任问题，如果没有附加条件，员工来访者初次接触健康管理师或医生时的信任程度并不是都很充分，只有员工来访者确认健康管理师或医生十分可信以后才会流露真情，才开始谈论到一些涉及个人隐私的实际问题。此时健康管理师或医生才能发现某些导致员工来访者心理困扰或障碍的核心问题，为以后制定干预方案奠定基础。

在构成心理问题的众多因素中健康管理师或医生应对以下几个问题尤其需要加以关注：①引起员工来访者心理困扰的引发因素或事件；②产生心理问题的程度；③在各种压力下员工来访者自我功能损害的程度。只有对这些问题有全面的了解和审视，才能有的放矢地去考虑员工来访者的实际困难，才能有针对性地去寻求员工来访者的各种资源和激发其内在的动力。

对于员工来访者境遇问题的评估有一个过程，不是通过一次谈话就能了如指掌，而需要在多次谈话中，从不同的角度收集信息，才能由表及里地完善评估。在临床过程中评估问题也会出现许多复杂的情况，有人在初次接触中的叙述内容十分凌乱，在以后的谈话中却相当有条理地反映出自己深层次的心理问题。但有的员工来访者开始时似乎表现出对自己的问题十分明白，侃侃而谈，但在以后的谈话中却变得杂乱无章，内容松散。这些情况的出现往往与员工来访者的求助动机有关，与医患关系的初建状态有关。需要注意的是健康管理师或医生对当员工来访者的问题尚未有明确的评估之前，员工来访者就认为他的问题已解决，无需再深入交谈和讨论，这种现象的出现提示有可能已经出现了阻抗，也有可能是医患关系受损，员工来访者对健康管理师或医生能够理解问题和帮助他（她）解决问题已缺乏信心。

（三）来访动机评估

这是对员工来访者求助愿望强烈程度、对领悟自我问题的能力及能否与健康管理师或医生建立良好医患关系的可能性进行评估。

对于那些有不同程度心理困扰和心理障碍来找健康管理师或医生帮助的员工来访者，他们会有自己各自的动机。有的有强烈的求助动机，能与健康管理师或医生建立良好的医患关系，也能把握求助者的角色，有配合健康管理师或医生共同努力解决问题的愿望和行动。这正是说明他们的动机明确、能够接纳给予的支持和帮助。有的员工来访者其主要目的是希望改变引起自己心理问题的客观因素，对于如何改变自己的动机却十分微弱。健康管理师或医生应充分估计到对于这类员工来访者进行干预的实效性存在一定难度。有些员工来访者对他人戒心很重、敌意很强、支配性很差，认为健康管理师或医生也不可能帮上多少忙。即使是面对这样的员工来访者也不能完全排斥他们，应给予他们支持和帮助的机会，多观察和交谈几次，以确定他们是否是因心理防御机制过强而表现出的一时假象。此外，如果有的员工来访者是被亲朋好友硬逼而来，十分勉强地作为给家人面子而来"完成任务"，那说明本人缺乏求助的动机。健康管理师或医生应仔细考虑员工来访者动机不强的各种主客观因素，同时也应观察员工来访者是否真正具有自知力，而不要轻易地接纳为自己的工作对象，进入到干预的阶段。对于自知力不完整的员工来访者，不能排除有精神病性障碍的可能，这就需要及时转介到精神科专科医院进行诊治。

（四）紧急情况和危机评估

紧急情况和危机是两个不同的概念。紧急情况是指一种突如其来的、出人意料的情境和事件，并需要立即对此作出应对。危机在临床心理学中则是指员工来访者在自己的生活中面临重大转变或挫折，失去心理平衡的状态，急需得到强有力的心理支持和帮助。

对于紧急情况的共识似乎无可非议，但在实际工作有些情况是否属于真正的紧急情况需要进行客观的评估。虽然有些情况十分明了，如误服了危险药品，车祸意外，家人患急病等。但有些情况却需要进一步判断才能分辨。例如有位员工来访者匆匆赶来，说自己已经不行，表现为强烈的恐惧，伴脸色苍白，大汗淋漓，心悸震颤，过度换气，手足无措，有濒死感和失控感等，但经各种检查均无明显阳性指标，不能以躯体疾病解释。所以员工来访者自认为的"生命危及"的紧急情况实际上并非真正的紧急，而仅仅是惊恐障碍的临床表现，只需适当处理即能很快缓解。由此可见，在判断紧急情况时需要明确了解员工来访者困扰的内容，发生的时间，情境的经过，以往类似的经历，该人应对的方法，处理后的效果等信息。由此判断员工来访者所处的境遇是否属于紧急情况。另外，员工来访者的理性思考能力，应变的态度和勇气，能否配合健康管理师或医生协助处理紧急情况，这也是十分重要的评估方面。

对于心理危机的判断一般比较明确，只要员工来访者遭受重大挫折，心理创伤严重，感到束手无策，悲观绝望，自杀行为，无制约地泄愤，情绪失控等都属于心理危机。心理危机的情况也比较繁复，但危机干预却是十分紧迫的事情，需要认真果断地处理。

在对紧急状况和危机进行评估时健康管理师应评估员工来访者的反应方式，应考虑他们如果被转介可能出现的情绪反应，同时也应使自己保持沉着和冷静，客观地进行评价，避免因个人的情绪化而影响评估的准确性和可靠性。

（五）处理方法评估

能否给员工来访者作心理咨询？是否能让员工来访者接受某些短程心理治疗或是药物治疗？还是转介到综合性医院或专科医院接受诊疗？健康管理师或医生对这些处理方法问题应进行明确的评估。

评估过程的最后一个环节是对如何采取处理方法进行评估。通常的处理方法有以下几种：

1. 实施相应的心理测验。通过心理测验可以从中获得许多信息和定量的指标，因此医师可以运用一些容易操作的常用量表对员工来访者做一些相关的症状评定。对于焦虑可用《焦虑自评量表》（SAS）、《贝克焦虑量表》（BAI）、《汉密顿焦虑量表》（HAMA）等。对于抑郁可用《抑郁自评量表》（SDS）、《贝克抑郁量表》（BDI）、《汉密顿抑郁量表》（HRSI）等。但对于一些员工来访者的人格问题所采用的测量工具和技术要求比较高，如常用的 Minnesota 多相人格调查表（MMPI），Wech-sler 智力量表等。如果健康管理师没有心理测量的工具和实施这些测验的实践经验，这就需要考虑将员工来访者转介到有条件实施测验的综合性医院或专科医院的心理评估科室去做。

2. 做医学方面的有关检查。对于员工来访者诉说的某些症状，如头痛，头晕，心悸，胸痛，恶心，腹痛，腰痛，乏力，咽部梗塞感，尿频，大便次数增多，颤抖，食欲下降，明显消瘦等，在判断是由于心理因素或心理压力所构成的躯体化症状之前必须对他们进行全面的体格检查，排除患有各种器质性疾病的可能。有些较大的检查项目，如内窥镜检查，CT，核磁共振以及一些特殊的其他检查，就需要转介到大型医院进行检查和诊断。

3. 转介给心理医生或精神科医生作进一步评估及心理治疗。当健康管理师认为自己对于员工来访者难以作出确切的评估或认为该员工来访者已存在心理障碍需要接受系统的心理治疗，同时员工来访者也有接受心理治疗的要求，可将员工来访者转介给有关专业的心理医生或精神科医生。对于转介的问题，健康管理师除了考虑转介的必要性和可能性之外，还必须对员工来访者在转介的过程中可能出现的心理反应要有所估计，也要给予关心。即使员工来访者对于所转介的心理医生不满意或不适应，也应让他们给予反馈，以便再次考虑新的选择和转介方案。

4. 环境方面的调整。如果员工来访者的心理问题与所处的客观环境有密切的联系，受环境的影响特别严重，如果环境的调整能够有效地缓解员工来访者的心理反应和应激反应，可以帮助员工来访者从环境的调整方面作一些努力，以求解除环境的压力。

5. 自己实施心理咨询或短程心理治疗。有的员工来访者有强烈的动机要求接受心理咨询或心理治疗，同时对健康管理师十分信任，有安全感。如果健康管理师对自己所掌握的心理咨询或心理治疗的理论和技术有一定的把握，同时认为员工来访者有接受自己心理咨询或短程心理治疗的适应症，在这种情况下可以与员工来访者讨论如何进行心理干预的实施意向和计划。

四、心理问题的一般干预

心理问题的干预有很多方法，但基本上可以归纳为心理干预和药物干预两大类。

（一）心理干预

1. 会谈概述

健康管理师在自身有条件及员工来访者有需求且具备适应症的情况下可以对员工来访者进行心理干预。健康管理师实施心理干预的目标旨在提高员工来访者发现问题和解决问题的内在动力，增进自我功能及社会功能，调整个人的情绪，理清曲解想法，指导行为技巧以及提供合理建议等。

心理干预的主要方法是谈话。健康管理师或医生和员工来访者通过谈话的方式进行交流，以达到心理干预的疗效功能。谈话的本身有调整心态的功能，同时健康管理师或医生和员工来访者独特的交互关系也是产生治疗作用的重要方面。谈话是个人理性自我的高度结构化活动，语言表达能使个人的理性、智慧资源得到体现。

个人的自我调适和亲朋好友的劝说无法替代健康管理师或医生的谈话干预，因为被情绪严重困扰的人本身正处在情绪的陷阱之中，对于自己的问题往往是坐井观天，十分局限，也难以理出头绪，更谈不上觉察和更替自己的被严重扭曲的信念、假设及规则。亲朋好友正因为关系密切，又非临床专业人员，其体验及反应往往是不客观、不全面和非理性的，所以常常会提出许多隔靴搔痒的建议，有的甚至还会帮倒忙，产生负面的副作用。

健康管理师应掌握一定的临床心理谈话的技巧，并注意以下几点：

（1）做好一个聆听者。向员工来访者认真地探询各种问题，不厌其烦地聆听他们的叙述，在聆听中不加入不干扰员工来访者的实际生活，也不用自己的想法和价值观去评判和影响员工来访者。

（2）做好一个引导者。健康管理师不可能把改变员工来访者较重的心理行为障碍和不良的人格特点作为自己的干预目标。可以从探索员工来访者痛苦的情绪入手来引导员工来访者如何体验与情绪关联的愿望和想法，从而发现情绪背后的心理动因。

（3）做好一个启发者。健康管理师应成为员工来访者改变自我的启发者。所做的工作应是让员工来访者认可自己的心理冲突，了解自己的不适应行为，了解和检查自己与人交往的不良模式，同时为基本满足自己的需求寻求切合实际情况的可行方法。

2. 初次心理会谈

健康管理师与员工来访者的初次会谈十分重要，这是实施心理干预的前期工作。初次谈话对于员工来访者是一个不小的挑战，因为他要向一位不熟悉的健康管理师或医生谈论自己内心的问题。同时对于健康管理师或医生来说也不同于一般的诊疗，除了需要了解有关信息之外还要努力与员工来访者建立相互信任的合作关系，从而使员工来访者进入到心理干预的过程中。初次会谈通常有以下一些结构和内容：

（1）消除戒心。健康管理师在首次会谈中应该力求与员工来访者建立起良好的合作关系，充分尊重员工来访者，通过向员工来访者表达理解和接纳，让他们了解健康管理师或医生的愿望是帮助员工来访者解除心理压力。同时也应说明双方的合作和努力的重要性，使员工来访者消除疑虑积极配合。

（2）切入正题。健康管理师可以先作自我介绍，然后主动把话题引入主题。从开放性的谈话开始逐渐转入员工来访者想谈的话题。健康管理师或医生应十分关注和投入，需对员工来访者的谈话内容表示出很大的兴趣，构成共情的互动。应避免初次谈话中出现拘束或冷场的情况。

（3）探索问题。健康管理师在初次谈话中应及早判断员工来访者是否有紧急情况。如果员工来访者有自杀念头、行为失控、情绪崩溃等问题，必须对这类急迫的问题作进一步询问，了解引起心理压力的引发事件和构成心理压力的真正本源。如果员工来访者所谈及的问题很琐碎，就应与员工来访者共同探寻最有压力的主要问题。

（4）明确意愿。明确员工来访者的意愿十分重要。从谈话中应从不同的角度去观察员工来访者的求助愿望及态度。同时健康管理师也应及时做出反应，明确表达愿意接纳和帮助员工来访者，并向员工来访者提出在心理干预过程中应该积极主动参与的要求。

（5）了解背景。充分了解背景情况这有助于对员工来访者整体的评估。健康管理师应对员工来访者的家庭情况、学历阅历、文化背景、社交生活、生活氛围、健康状况和童年成长等各种问题收集有关的信息。但要避免花较多的时间去谈论与干预目标关系不大的琐事。

（6）结束初谈。在初次谈话结束后应有明确的结果，通常可有以下4种情况：

①对员工来访者实施系统的心理干预　如果员工来访者愿意继续接受咨询和心理帮助，双方可以进一步明确阶段目标和确定以后的计划和安排。

②安排下次谈话继续评估　如果健康管理师认为初次的谈话所获得的信息量还不足，难以判断是否可以对员工来访者实施进一步的心理干预，可以安排第二次会谈，进一步了解情况。也可考虑通过一些心理测量的方法来协助了解有关信息。

③合并用药　在求得病人的同意下可以考虑合并用药的方案。

④转介　如果健康管理师认为员工来访者的问题不是本机构或本人的能力得以解决，则应考虑转介。健康管理师或医生应该向员工来访者说明需要转介的理由和途径，让他们能及时到适合的医院接受专业人员的进一步帮助。

3. 设定目标

心理干预需要设定具体的目标。健康管理师的心理干预应以短程干预为主，这有利于激发员工来访者在集中的时间段内全力以赴地处理自己面对的问题。长程的心理干预技术要求都比较高，往往超过了健康管理师的知识结构和职能范围。

适合接受短期心理干预的员工来访者一般有以下 3 种类型：

（1）员工来访者是当前某生活事件的压力构成心理方面的困扰，但以往心理健康，社会适应良好。例如丧偶、离异、失业、乔迁、退休等引出的心理问题。

（2）员工来访者虽有心理方面的障碍，但只是暂时性的社会功能退化，能够正常生活，能与健康管理师或医生沟通交流，接受健康管理师或医生的帮助。

（3）员工来访者的问题已属于心理医生或精神科医生的治疗范围，需要转介。但在转介前须作进一步的评估。

4. 实施心理干预

心理干预可以根据不同的理论和技术进行实施。健康管理师应掌握一些实效性较强的方法，尤其是较易操作，符合我国国情的方法，这更能使员工来访者接受和配合。

健康管理师常用的心理干预方法一般有危机干预、行为干预、认知干预和家庭干预等。

（1）危机干预

对于危机的定义不同学派的表述不完全统一。Dixon（1979）认为危机是一个人遇到被认为是充满危险的事件，以个人通常的解决方法无法奏效，因而感到无助，并影响个人的功能。危机一般可分为成长危机和事态危机两类。一个人在成长过程中会出现各种的压力、阻力和困难，如学习、同学关系、恋爱、择业、经济、失业、更年期、退休、丧偶等都可以构成危机。事态危机包括天灾人祸等环境危机、亲人意外死亡、被抢劫等人际危机、疾病和自杀等个人危机。构成危机不仅仅与事件有关，同时与个人和家庭对事件的看法也密切相关。

通常危机会影响认知、身体、情感、行为和人际关系等，但随个体的差异，在工作、学习、家庭、人际关系等方面功能影响的程度也有所不同。人们有应对事件的自然功能，但是一旦个人习惯的常用应对方法失效，危机便会产生。

危机的发展一般可以分为 4 个阶段：

冲突期：因各种压力所致的失平衡状态，极度难受而渴望恢复平衡；

应变期：当事人会采用自己个人的资源和家庭社会的资源来应对，如果实效不佳，也会放弃习用的方法行事，可以用开放的态度听取别人的意见，尝试用新的方法来解脱困境。

危机解决期：当事人若采取的应对方法难以消减压力和解决危机，同时又得不到更多的内外资源，有可能就会退缩、崩溃和停止解决问题，而是以逃避的方式取而代之。其中最危险的是用自杀的方法来结束危机。但也有人以积极的态度正视困难，想方设法通过调整对事物的看法或采用新的应对措施和策略来克服危机状态。

适应期：无论采取积极的或消极的方法（除自杀外）一般都可以使当事人恢复平衡，达到适应。但危机的经历有可能被内化成为个性和生活的一部分而影响以后的应对功能及模式。

危机干预的目标是帮助员工来访者应对危机，恢复平衡和自我功能，掌握新的应对方法，提高应对能力。危机干预的步骤包括：

A. 了解主要问题。健康管理师只有明确了员工来访者的主要问题才能有的放矢地进行干预。可以从员工来访者最近生活中的人际关系、学习或工作情况、重大社会生活事件、认知功能及控制情绪能力等方面获得充分的资料。

B. 估计危险程度。了解和估计员工来访者的危险程度十分重要，必须密切观察。如果员工来访者情绪低落，沮丧悲观，无助感强，有可能有自杀的危险。如果员工来访者认为某人是构成自己危机的根源，想消除他人的继续影响，这就应估计到有伤人的可能。

评估危及生命的严重程度可从三个方面反映：①意念（ideation）。有些人在谈话中会流露出一些念头："活着太累了，没意思"、"如果不是为了我的女儿，早就走这条路了"。健康管理师或医生对这些念头的出现应十分敏感，虽然停留在意念层面的想法危险度较低，但如果健康管理师或医生对此疏忽大意，就会失去干预的时机，使员工来访者从有意念转向行为。②姿态（gesture）。有自杀倾向的人除了有意念之外还有各种姿态，为自杀成功做一些准备。如积藏了一些能致死的药品，检查煤气开关的松紧，买好割脉用的刀片等。有姿态的人其危险性较大，健康管理师或医生应努力消解这种危险。③尝试（attempt）。有过自杀行为而未遂的人，再次自杀的可能性很大。尤其是再度遇上挫折和某些有压力的社会生活事件时更易一触即发。所以健康管理师应充分注意应对的策略和方法，必要时转介到精神科医院住院治疗。

C. 稳定情绪状态　当员工来访者感到失败和无助时健康管理师或医生的关怀和支持尤为重要，它能起到有效的稳定情绪的作用。健康管理师或医生应对员工来访者的情绪状态和自我价值敏锐关注，要提供机会使他们能表达情感和宣泄情绪。同时要向员工来访者表示健康管理师或医生会全力以赴地帮助他们一起来解决问题，使他们有实在的安全感。

D. 探讨可行选择　这是一个认知重建的过程。只要员工来访者意识、智能正常,健康管理师或医生可以努力挖掘他们的自我潜能,以新的理性的思考来对待当前的困境。员工来访者在健康管理师或医生的指导下共同探讨可作选择的计划。

E. 实施具体计划 实施计划的第一步是要制订一个完整可行的计划。这需要符合以下一些要求:①员工来访者能积极参与,成为计划中的主角;②能符合员工来访者的功能和需要,虽然在危机状态下,员工来访者的功能有所低下,但计划能促进他们的功能恢复;③计划是针对当前的最主要的现实问题而不是某些危机的成因或人格问题;④接纳与员工来访者密切相关的亲朋好友,充分利用更多的社会资源;⑤有明确的时限和实施的细节。实施具体计划一般都认为是相当有难度的事,但实际上只要员工来访者的认知能力开始重组时具体操作便开始具备了内在的动力。实施中应坚持先易后难,循序渐进的原则,避免使员工来访者在能力中丧失信心。

(2) 行为干预

行为干预的理论和技术都已十分成熟。对于健康管理师主要是掌握一些操作性强,实效性好的方法解决员工来访者一些常见的心理行为问题或障碍。以下简略地介绍一些行为干预的方法和注意事项。

A. 系统脱敏:此方法是通过逐步暴露的方法使员工来访者消除恐惧或焦虑。具体步骤包括:①学习全身肌肉放松;②由轻到重制订接触恐惧或焦虑事物的进度表;③让员工来访者用数秒钟时间想象接触某个恐惧或焦虑的事物;④松弛和想象交替练习,逐渐减轻恐惧或焦虑的程度;⑤根据进度表提升练习的难度,最后达到完全消除恐惧和焦虑。

B. 厌恶疗法:通过不愉快刺激与不良行为建立条件反射,以达到制约某种不良行为的目的。实施厌恶疗法应注意以下要点:①厌恶疗法有一定的危险性,可以构成对被治疗者的伤害;②治疗必须接受过专业训练的人才能实施;③在实施过程中帮助员工来访者以适应的行为方式代替不良的行为。

C. 问题解决疗法:这是培养员工来访者以逻辑和理性方法按部就班地解决问题。通常的步骤是:①健康管理师或医生对于治疗过程、检查失效的问题解决方法和日常问题记录等向员工来访者进行指导;②辨别问题所在及设定目标;③从多方面多角度地提出解决问题的各种可能性;④鉴别各种可能性,寻找利大弊小的方法及策略,作出付之于行动的决定;⑤检验行动实施的效果,能否成功地解决问题,再不断修订,不断行动,不断总结。

(3) 认知干预

Werner(1982)指出人类行为不完全受无意识原动力的影响,也不是对于外来刺激的简单反应,而是基于个人的自决,这称之为"第三动力"。人类有说话、思考、推理、记忆、选择和解决问题的能力,所以人们存在可以控制和管理外部环境及自己的驱动力。Kendall(1983)和 Beck(1985)对认知的内涵作了概括:①认知事件：是指一些可被人们意识及认识的思想，是自动的反应。它是出现于一瞬间，没有反省和推理。是一种非常习惯和非自主的内在对话，会不停地影响人的情绪和行为。②认知结构：是人对自己和外界环境的一假设概念。当人遇到新的刺激时会将信息容纳到认知系统中，一旦被确认，就会变得稳定和坚固，不易改变。③认知过程：人们通过此过程知觉及过滤外来的刺激，从而构成自己的计划和行动。

认知学派认为人们的思想、情感、行为和非自主的生理反应相互联系。外环境和人的内心世界是密切关联的。当人受到外来刺激时，他们就会根据既定的认知结构来理解和定义事物。思维过程包括判断、评价、确定、解释、推理，同时也产生相应的情绪反应、自主性生理反应及行为反应。因此，如果当人们的认知结构和认知过程中含有曲解的成分，整个认知功能就会失调，情绪、生理反应及行为都会随之受到负面的影响。

认知干预的方法有多种，在此重点介绍 Meichenbaum（1985）所倡导的"压力应对训练方法"。压力应对训练方法是一套能处理各种不同问题的治疗程序，可有效地应对愤怒、焦虑、恐惧、一般的压力反应、痛苦及躯体健康等问题。具体的实施分为以下四个步骤。

①构思阶段。在此阶段中健康管理师或医生应努力与员工来访者建立良好的治疗性合作关系。健康管理师或医生应做到倾听、关心、真诚、接纳、理解、同感等。在收集资料的过程中，健康管理师或医生应通过交谈了解员工来访者压力的来源、产生压力的过程、所有压力的共性、压力对生活工作的影响。员工来访者自己应对的方法以及员工来访者接受健康管理师或医生帮助的期望。员工来访者在放松的氛围下能够表达出各种想法、感受、经验及行为。健康管理师或医生在这阶段还应不断消除给医患关系带来不良影响的因素。

②再构思阶段。帮助员工来访者对待压力进行重新构思是压力应对训练的主要策略。健康管理师或医生努力使员工来访者了解压力和应对的交互关系。让他们认识到认知评估是如何影响人的情绪及行为反应。同时也需要引导员工来访者理解，通过认知的调整使压力得到缓解和控制。

③应对技巧训练阶段。松弛训练可以帮助员工来访者放松情绪及身体。认知重建法是认知调整中的主要方法。此方法包括：①收集在有压力的情况下出现的自动想法；②详细记录出现的想法以及伴随的情绪和行为反应；③检验想法的有效性及对情绪行为带来的负面效应；④探寻新的有减压功能的替代想法；⑤不断操练和巩固有效的新想法以及体会情绪和行为的相应改变。

在此阶段中常用的方法有：离中法（decententering）、扩展观点（enlarging perspec-tive）、重新归因等（reattribution）。

④应用与实践阶段。在此阶段中员工来访者把学得的应对压力的技巧应用于日常生活，以强化应变能力。常用的方法有：①想象应对练习。在健康管理师或医生

的辅导下员工来访者选择一个与治疗目标对象类似的社会生活事件,想象如何通过循序渐进的方法处理和消除内心的压力。②模拟行为练习。健康管理师或医生与员工来访者进行角色扮演,重演日常社会中有压力的片段,然后进行应对的探索,寻找有效的策略和方法。③实际生活练习。通过想象练习,由经过角色扮演便可进入到具体的日常生活中去进行实际练习。健康管理师或医生需给员工来访者布置详尽的家庭作业,在指导和督促下让他们努力完成有一定压力但尚能克服的作业。

(4) 家庭干预

家庭干预的方法很多,比较适用于我国国情的是结构式家庭治疗。结构式家庭治疗是由美国的 Minumchin 和他的同事在 20 世纪 60 年代创立的。它注重于人际交往过程,而不只是谈话的内容。运用核心家庭的理论去分析家庭结构和家庭组织。通常一个家庭是以角色、功能、权力架构而组织起来。家庭成员有清楚的分工、界线,并要有适当的组织才可运作得宜,发挥它的功能。到了 80 年代,研究的结果证明结构式家庭治疗应用于治疗有心理疾病病人的家庭的成功率很高。Minuchin 的贡献是他很早引入了结构的理念,而治疗的目标是去除阻挠家庭功能发挥的结构,取而代之以较健全的结构,使家庭功能得以有效发挥。

结构式家庭治疗是基于一些对于家庭动力以及其组织的假设而展开的治疗方法。它假设个人问题与家庭的动力和组织有着密切的关系。改变家庭动力与家庭组织的过程,可改变个人及家庭。

结构式家庭治疗有以下一些特点:

①以家庭作为治疗的单位。
②注重于过程超过行为表现。
③注重目前情况而不去追溯陈年旧事和家庭的影响。
④相信行为问题是一个重要的问题,是不显眼家庭问题的表露。
⑤不把个人问题作为治疗的焦点,治疗的目标和焦点是改变家人交往的方式。
⑥治疗过程不是一对一的谈话方式,而是多元化和多层次的家庭组织的互动。
⑦家庭治疗中借助了心理动力学理论,还有系统论、学习理论、沟通理论、反馈理论、认知行为理论等。

每个家庭都会受到来自各方面的压力,常见的家庭压力来源有:①家人与外界的接触;②家庭与外界的接触;③家人在成长过程中的压力;④家庭独特问题所带来的压力。有些家庭出现功能上的失调这是由于家庭在有压力的情况下因结构的僵化无法进行良好的沟通,失调的沟通方式的不断重复使僵化的结构更趋凝固,导致成员出现症状。

家庭功能失调与家人出现病症存在一定的关系。一方面,不和睦的家庭气氛和环境可能成为孕育病态家庭的基础。另一方面,若在家庭中某个成员是因功能失调的家庭环境引起的症状,家庭状况在未能得到改善之前,家庭成员的病症会被强化而加重。

结构式家庭治疗的过程包括进入（joining）、评估（assess-ment）及干预（intervention）等三大环节。

①进入。健康管理师实施家庭治疗首先要进入家庭，接触家人，深入家庭，成为家庭系统的一分子。了解每个家庭成员自己却保持中立。这是一个特殊"家庭成员"，所以其立场应该是含蓄的，中间的立场，同时又能在一定的情况下分离出家庭圈而成为一个有主见的公正人。

②评估。评估的目的是收集资料了解家庭功能失调的症结。通常评估的内容有：家庭的状态和结构，家庭系统的弹性，家庭系统的反响，家庭生活的环境，家庭生命周期，家庭成员的症状问题和沟通的方式。

③干预。干预的目标是调整不良的家庭结构，使家庭能正常地运作和发挥健全的功能，通过改变家人的交往方式从而使有病症的家庭成员得到治疗和改善。具体的方法是：通过重复信息，控制音调，运用语言，营造感觉等技巧使每个成员改变对家庭原来的看法。通过划清界限，否定有损的家庭结构，补充有益的理念来向原来功能失调的家庭的结构挑战。在健康管理师或医生的引导和协助下通过诘难、强调优点等方法使家庭成员挑战家庭观，建立新的家庭观念。

（二）精神药物干预

精神科药物已成为当今如同抗生素、维生素及镇痛剂一样的常用药。精神药物按临床应用分类可分为抗精神病药、抗抑郁药、抗焦虑药及抗躁狂药等。抗精神病药物的主要作用部位是脑干；抗抑郁药物主要作用于间脑；抗焦虑药物主要作用于边缘系统。这些药物的作用部位既有侧重，又有重叠。

1. 合理应用精神药物的原则

（1）使用剂量。适当精神药物的使用剂量十分重要，它直接影响到疗效及副作用。

（2）用药尽量单一。使用精神药物原则上应尽量做到单一和简单，即使有时根据病人的实际情况需要选择几种药合并使用，但应掌握科学性和合理性。一般不主张同一类药物的叠加和重复，也不主张过多精神药物的联合使用。因为这会导致非常复杂的药物交互作用，而实际上也达不到想象中增加疗效的功能。

（3）更换药物慎重。对于更换药物通常有两种情况，一种是出现严重的副作用，另一种是药物的效果不佳。在判断疗效不佳的问题上必须谨慎行事。应事先作全面的考虑和评估，如药物的针对性如何，剂量是否合适，用药是否以达到起效时间的，病人是否认真严格地执行医嘱，是否有多种药物交互作用的影响等等。

（4）谨慎使用新药。近年来精神药物发展迅速，新产品不断推出。健康管理师应认识到有些新药的问世是偏重于商业的需要。

（5）警惕媒体误导。在各种媒介中常常会介绍一些与改善精神状态有关的药物及保健品。在这些商业行为中有的有夸张和虚假成分,言过其实,与医学科学相违背,与实际效果相脱离。作为健康管理师也应警惕这种误导,尤其当员工来访者向健康管理师咨询有关媒介广告中介绍的保健品和药品方面的问题时,更应严肃对待,不能随意应答,以免造成不良的后果。

2. 应用精神药物的常见问题及应对

(1) 副作用。健康管理师应对精神药物的作用和副作用有详尽的了解,应耐心地向员工来访者解释会产生一定副作用的可能,但不等于药物说明书中提及的副作用在每个服药者身上都会出现。应让员工来访者合理地认识和对待副作用。

(2) 依赖性。对于各种精神药物的依赖性问题不同的学者有不同的见解。除了抗精神分裂症药物往往需要长期服药之外,其他抗抑郁药和抗焦虑药的依赖程度不一,即使有也相当有限,而且有较明显的个体差异,往往心理上的依赖在药物依赖中占有较大的比重。有的患者在长期服用某些药物后因某些因素突然停药,便会出现一些药物戒断症状。如苯二氮卓类药物的戒断反应有失眠、头痛、烦躁、紧张、呕吐、肌肉疼痛等。对此类情况可运用逐步撤药的方法来处理。若能配合一定的心理干预,能够使病人摆脱药物依赖。

第五节 职业危害

职业危害是指职工在生产环境中由于工业毒物、不良气象条件、生物因素、不合理的劳动组织以及一般卫生条件恶劣的职业性毒害而造成对身体的损害。职业病是指劳动者在职业活动中接触有毒有害物质等因素而引起并列入国家公布的职业病名单的疾病。例如从事矿山开采、翻砂造型、玻璃、陶浇等作业的工人,因长期接触含二氧化硅粉尘而得矽肺;从事冶炼、蓄电池、铸铅字、钳制品等工人,因接触烟、尘而患铅中毒等。现在还有各种新型的诸如"白领综合征"、"过劳症"、"办公室职业病"的产生,职业危害的范围越来越宽泛,危害也越来越广。从某种意义上而言,几乎所有的职业都会有职业危害。

中国卫生部门公布的全国职业病危害重点人群的资料显示,目前全国接触职业病危害因素的人数超过2亿。"职业病高发行业的职工体检报告"统计,我国煤炭、化工、冶金、电力、建材、电子、轻工等几大职业病高发行业4633952名在岗职工的54%参加了2005年的职业健康体检,发现134244人有职业病。

2002年,中国颁布实施了《中华人民共和国安全生产法》和《中华人民共和国职业病防治法》,为职业安全卫生工作奠定了坚实的法律基础。但是,随着经济的快速发展,职业危害仍然是影响职工生命健康的突出问题。有人形容,职业危害这种不流血的"渐进式死亡",远远大于矿难、车祸等流血的"立即式死亡"。

为预防、控制和消除职业危害,预防职业病,保护员工的身体健康及其相关权益，各单位应根据《中华人民共和国职业病防治法》和《职业病危害项目申报管理办法》等有关法律、法规规定，设立管理机构并制定相关管理制度，如职业健康管理制度、职业卫生告知及职业病报告制度、职业危害申报制度、职业健康宣传教育培训制度、职业危害防护设施维护检修制度、从业人员防护用品管理制度、职业危害日常监测管理制度等。

一、关注工作环境

员工一天当中身处工作环境的时间少则8小时多则数十小时，因此身体状态和工作场所的各种物质条件关系极为密切，了解自己长期工作的环境中有哪些东西存在，对人体危害的情形如何，有助于防范职业危害。

（一）化学环境 即所谓的酸、碱、溶剂、杀虫剂、清洁剂、矿物、染料等

液体：各类液态化学物，如液碱、硫酸；

气体：各类气态化学物，如一氧化碳、氯气；

蒸气：由液态化学物挥发的气体，如甲苯蒸气；

雾滴：悬浮于空中的液滴，如硫酸雾滴；

烟：燃烧所产生的微粒，如抽烟；

粉尘：各类固态微粒及纤维，如矽砂、水泥、石棉；

醺烟：物质受热气化的固体微粒，如金属。

（二）物理环境 指工作环境或工作过程中所产生的状况，如高低温、噪音、振动等

温度：高温或低温；

噪音：令人不悦的声音；

振动：由机械运动产生；

照明：光线太强、太弱或不稳定；

异常压力：高压或低压；

游离辐射：会造成细胞突变，损伤的光波；

非游离辐射：产生热效应的电磁波。

（三）生物环境 指具传染性或过敏性的生物体

微生物：细菌、病毒、微菌等；

寄生虫：蛔虫、钩虫等；

动植物及其制品：木屑、皮屑、花粉、棉尘等。

（四）人体工学环境 包括单调重复的动作及工作者与设备协调不良而产生的损害

工作环境影响健康通常有五个渠道：即眼接触、耳传入、鼻吸入、口食入、皮肤接触。进入体内产生的结果包括：

1. 急性反应

短时间之内，过量接触及吸收，对眼睛、皮肤、呼吸及消化等器官立刻产生的急性损害。

2. 慢性反应

长期的接触或吸收，各器官日积月累后所产生的损害或不良后遗症，可能日趋严重。

二、工作环境的防护措施

对存在职业危害的建设项目应进行卫生预评价。卫生预评价的全过程包括可行性研究阶段、初步设计阶段、施工设计阶段的卫生审查，施工过程中的卫生监督检查，竣工验收以及竣工验收中对卫生防护设施效果的监测和评价。新建、改建、扩建及技术引进、技术改造的建设项目实行"三同时"管理，即职业卫生防护设施要与主体工程同时设计、同时施工、同时验收和投产使用。

各类环境的防护措施分述如下：

（一）有毒环境作业的防护

职业中毒是一种人为的疾病，采取合理有效的措施，可使接触毒物的作业人员避免中毒。

1. 根除毒物或降低毒物浓度，如用无毒或低毒物质代替有毒或剧毒物质。但不是所有毒物都能找到无毒、低毒的代替物，因此在生产过程中控制毒物浓度的措施很重要，如采取密闭生产和局部通风排毒的方法，减少接触毒物的机会；合理布局工序，将有害物质发生源布置在下风侧。

2. 做好个体防护，这是重要的辅助措施。个体防护用品包括防护帽、防护眼镜、防护面罩、防护服、呼吸防护器、皮肤防护用品等。毒物进入人体的门户，除呼吸道、皮肤外，还有口腔。因此，作业人员不要在作业现场内吃东西、吸烟，下班后要洗澡，不要将工作服穿回家。

（二）生产性粉尘防护

生产性粉尘是指在生产中形成的，并能长时间漂浮在作业场所空气中的固体颗粒。生产性粉尘的来源非常广，在生产环境中，单一粉尘存在的情况较少，大多数情况下两种以上粉尘混合存在。生产性粉尘根据其理化特性和作用特点不同，可引起不同的疾病。

1. 呼吸系统疾病。长期吸入不同种类的粉尘可导致不同类型的尘肺病或其他肺部疾患。我国按病因将尘肺病分为12种，并作为法定尘肺列入职业病名单目录，它包括硅肺、煤工尘肺、石墨肺、炭黑尘肺、石棉肺、滑石尘肺、水泥尘肺、云母尘肺、陶工尘肺、铝尘肺、电焊工尘肺、铸工尘肺。

2. 中毒。吸入铅、锰、砷等粉尘，可导致全身性中毒。

3. 呼吸系统肿瘤。石棉、放射性矿物、镍、铬等粉尘均可导致肺部肿瘤。

4. 局部刺激性疾病。如金属磨料可引起角膜损伤、浑浊,沥青粉尘可引起光感性皮炎等。

消除或降低粉尘是预防尘肺病最根本的措施。通过革新生产设备、实现自动化作业,避免操作人员接触粉尘;采用湿式作业,可在很大程度上防止粉尘飞扬,降低作业场所粉尘浓度;对不能采用湿式作业的场所,应采用密闭抽风除尘方法。作业中接触粉尘的人员,在作业现场防尘、降尘措施难以使粉尘浓度降至符合作业场所卫生标准的条件下,一定要佩戴防尘护具。防尘效果较好的有防尘安全帽、送风口罩等,适用于粉尘浓度高的环境;在粉尘浓度较低的环境中,佩戴防尘口罩有一定的预防作用。

(三) 职业高温的防护

在高气温或同时存在高湿度或热辐射的不良气象条件下进行的劳动,通称为高温作业。高温可使作业人员感到热、头晕、心慌、烦、渴、无力、疲倦等,可出现一系列生理功能的改变,高温环境下发生的急性疾病是中暑,按发病机理可分为热射病、日射病、热衰竭和热痉挛。防暑降温措施包括:

1. 改善作业环境。预防中暑的关键在于改善高温作业环境,使作业场所的气象条件符合国家规定的卫生标准。在高温班组内合理布置热源,避免作业人员周围受到热源作用。尽可能把各种加热设备置于班组之外。温度很高的产品应尽快运出班组,如果热源不能移动,应采取隔热措施。通风是防暑降温的重要措施,应加强自然通风,使班组内高温从高窗或气孔排出。班组屋顶可安装风帽,墙角可开窗加强通风。当自然通风不能将余热全部排出时,应采用机械通风。

2. 加强个体防护。高温作业人员应穿耐热、坚固、导热系数小、透气功能好的浅色工作服,根据防护需要,穿戴手套、鞋套、护腿、眼镜、面罩、工作帽等。

3. 采取必要的组织措施和保健措施。制定合理的劳动和休息制度,调整作息时间,采取多班次工作办法;合理布置工间休息地点;加强宣传教育,使作业人员自觉遵守高温作业安全卫生规程;定期检测作业场所的气象条件;实行医务监督,对高温作业人员定期进行体检;为高温作业人员提供清凉饮料。

(四) 噪声和振动的防护

噪声对人体的影响是多方面的。首先是对听觉器官的损害,长时间接触一定强度的噪声,会引起听力下降和噪声性耳聋;此外对神经系统、心血管系统及全身其他器官也有不同程度的影响,可出现头痛、头晕、睡眠障碍等病症,长期接触较强的噪声可引起血压持续升高,还可出现胃肠功能紊乱、胃蠕动减慢等变化。

长期受外界振动的影响可引起振动病。按振动对人体作用方式不同,分为全身振动和局部振动。强烈的全身振动,可使交感神经处于紧张状态,出现血压升高、心率加快、胃肠不适等症状。全身振动引起的这些功能性改变,在脱离振动环境和休息后，多能自行恢复。局部振动病或称手臂振动病，是由于长期接触过量的局部振动，引起手部末梢循环或手臂神经功能障碍。该病的典型表现是手指发白（白指症），并伴有麻、胀、痛的感觉，手心多汗。

为防止噪声、振动对身体的危害，应从以下三个方面入手：

1. 消除或降低噪声、振动源　采用无声或低声设备代替发出强噪声的设备，如以焊接代替铆接、锤击成型改为液压成型等；机械设备应装在橡皮、软木上，避免与地板直接接触；工具的金属部件改用塑料或橡胶，以减弱因撞击而产生的噪声和振动。

2. 控制噪声、振动的传播，如采用吸声、隔声、隔振、阻尼等手段。

3. 做好个人防护，如果作业场所的噪声、振动暂时不能得到有效控制，则加强个人防护是避免遭受危害的有效措施。如在高噪声环境中作业时，佩戴耳塞就是最便捷的防护方法，必要时应佩戴耳罩、帽盔。为防止振动病，作业场所要注意防寒保暖，振动性工具的手柄温度如能保持40℃，对预防振动性白指有较好的效果；合理使用个人防护用品，特别是防振手套、减振座椅等。

（五）工作辐射的防护

1. 非电离辐射的防护　由于电磁场辐射源所产生的场能随距离的增大而减弱，所以在不影响操作的前提下尽量远离辐射源；避免在辐射流的正前方作业，可有效防止微波辐射。为防止辐射线直接作用于人体，合理地使用防护用品是十分重要的。穿戴金属防护服可防止射频辐射，穿戴微波屏蔽服、红外线防护服、防护帽、防护眼镜等可防止微波、红外线辐射。激光和红外线防护的重点是对眼睛的保护，除佩戴防护眼镜外，还要定期检查眼睛。

2. 电离辐射的防护。作业人员要熟悉操作程序和安全操作规程，工作前应认真做好各项准备，如熟悉所用辐射性核元素的放射强度；工作结束后应及时清理用具，清除放射性污染物；在离开作业场所时应洗手或沐浴。正确使用防护用品，如穿戴工作服、防护镜、口罩、面盾等。在放射性工作场所内严禁饮食、喝水、抽烟和存放食品。

（六）高处作业的防护

高处作业是指人在以一定位置为基准的高处进行的作业。国家标准GB/T3608—2008《高处作业分级》规定："凡在坠落高度基准面2m以上（含2m）有可能坠落的高处进行作业，都称为高处作业。"

1. 高处坠落事故在建筑施工中经常发生，要避免此类事故，必须配齐安全帽、安全带和安全网。

2. 高处作业人员，一般每年需要进行一次体格检查。患有心脏病、高血压、精神病、癫痫病的人，不可从事这类作业。

3. 高处作业人员的衣着要符合规定，不可赤膊裸身。脚下要穿软底防滑鞋，决不能穿拖鞋、硬底鞋和带钉易滑的靴鞋。操作时要严格遵守各项安全操作规程和劳动纪律。

4. 攀登和悬空作业（如架子工、结构安装工等）人员危险性都比较大，因而此类人员应该进行培训和考试，在取得合格证后再执证上岗。

5. 高处作业中所使用的物料应该堆放平稳，不可放置在临边或洞口附近，不可妨碍通行和装卸。

梯子使用前必须进行外观检查，发现有不符合安全要求的地方，必须立即进修理或更换。使用梯子的安全要求如下：

1. 人员在上下梯子时必须面部朝支撑梯子的建（构）物或支撑物体方向；严禁手持工具或物体上下梯子。

2. 在梯子上工作应备工具袋，严禁两个人以上站在同一架梯子上同时作业，梯子的最高两档不得站人，人在梯子上作业时或人站在梯子上时严禁移动梯子。

3. 梯子一般不宜接长使用，如必须接长使用时，应用铁卡子或铁线绑扎牢固，并加设支撑，确认无误后，方可使用，严禁将梯子放置在不稳固的物体上使用。

4. 梯子使用时，如不能用绳索支撑固定稳时，应由专人在下面扶持，应做好防止落物打伤扶持人员的安全措施，在通道处使用梯子时，应设专人监护或设置临时围栏。

5. 在门窗或转动机构附近使用梯子时，应采取必要隔离防护措施。

三、规范穿戴防护用品

做好个人防护是不受职业伤害的最重要的一个环节。做好个人防护必须正确穿戴防护衣物，正确使用防护用品，才能真正起到防护的作用。防护用品的具体使用方法如下：

（一）防护服

1. 白帆布防护服能使人体免受高温的烘烤，并有耐燃烧的特点，主要用于冶炼、浇注和焊接等工种。

2. 劳动布防护服对人体起一般屏蔽保护作用，主要用于非高温、重体力作业的工种，如检修、起重和电气等工种。

3. 棉平布防护服能对人体起一般屏蔽防护作用，主要用于后勤和职能人员等岗位。

（二）防护手套

1. 厚帆布手套多用于高温、重体力劳动，如炼钢、铸造等工种。

2. 薄帆布、纱线、分指手套主要用于检修工、起重机司机和配电工等工种。

3. 翻毛皮革长手套主要用于焊接工种。

4. 橡胶或涂橡胶手套主要用于电气、铸造等工种。

戴各种手套时，注意不要让手腕裸露出来，以防在作业时焊接火星或其他有害物溅入袖内造成伤害；操作各类机床或在有被夹挤危险的地方作业时严禁戴手套。

（三）防护鞋

1. 橡胶鞋有绝缘保护作用，主要用于电力、水力清砂、露天作业等岗位。
2. 球鞋有绝缘、防滑保护作用，主要用于检修、起重机司机、电气等工种。
3. 钢包头皮鞋用于铸造、炼钢等工种。

（四）安全帽

1. 首先应该检查安全帽的外壳是否破损，有无合格帽衬，帽带是否完好。
2. 帽衬和帽壳不得紧贴，应有一定间隙（帽衬顶部间隙为 20～50mm，四周为 5～20mm）。
3. 安全帽必须戴正。如果戴歪了，一旦受到打击，就起不到减轻对头部冲击的作用。当有物料落到安全帽壳上时，帽衬可起到缓冲作用，不使颈椎受到伤害。
4. 必须系紧下颚带。当人体发生坠落时，由于安全帽戴在头部，起到对头部的保护作用。

（五）面罩和护目镜

1. 防辐射面罩主要用于焊接作业，防止在焊接中产生的强光、紫外线和金属飞屑损伤面部，防毒面具要注意滤毒材料的性能。
2. 防打击的护目镜能防止金属、砂屑、钢液等飞溅物对眼部的伤害，多用于机床操作、铸造等工种。
3. 防辐射护目镜能防止有害红外线、耀眼的可见光和紫外线对眼部的伤害，主要用于冶炼、浇注、烧割和铸造热处理等工种。

（六）呼吸防护器

呼吸防护器主要用来防止有毒气体及粉尘的吸入。根据结构和原理呼吸防护器可分为自吸过滤式和送风隔离式两大类。自吸过滤式分为机械过滤和化学过滤两种，机械过滤主要是用于防止粒径小于 $5\mu m$ 呼吸性粉尘的吸入，通常称为防尘口罩和防尘面具；化学过滤主要用于防止有毒气体、蒸气、毒烟雾等的吸入，通常称为防毒面具。

隔离式呼吸器用在缺氧、尘毒污染严重、情况不明或有生命危险的工作场合。

（七）护耳器

主要是防止噪声危害。

（八）安全带

安全带是防止高处作业坠落的防护用品，使用时要注意以下事项：

1. 在基准面 2m 以上作业须系安全带。
2. 使用时应将安全带系在腰部，挂钩要扣在不低于作业者所处水平位置的可靠处，不能扣在作业者的下方位置，以防坠落时加大冲击力，使人受伤。

3. 要经常检查安全带缝制部分和挂钩部分，发现断裂或磨损，要及时修理或更换。如果保护套丢失，要加上后再用。使用安全带时，应检查安全带的部件是否完整，有无损伤，金属配件的各种环不得是焊接件。

4. 使用围杆安全带时，围杆绳上有保护套，不允许在地面上随意拖着绳走，以免损伤绳套，影响主绳。

5. 悬挂安全带不得低挂高用，因为低挂高用在坠落时受到的冲击力大，对人体伤害也大。

6. 严禁使用打结和续接的安全绳，以防坠落时腰部受到较大冲力伤害。

7. 作业时应将安全带的钩、环挂在系留点上，各卡接扣紧，以防脱落。

8. 在温度较低的环境中使用安全带时，要注意防止安全绳的硬化割裂。

9. 使用后，将安全带、绳卷成盘放在无化学试剂、避光处，切不可折叠。在金属配件上涂机油以防生锈。

（九）防酸碱用品

防酸碱用品是保护工人在生产作业环境中免受酸碱危害的个体防护用品。按防护用品原料可分为：橡胶防酸碱用品，塑料防酸碱用品和毛、丝、合成纤维织物防酸碱用品等类；按防护部位可分为：防酸碱工作服、手套、靴、防酸面罩和面具等类。

个人防护用品的使用者必须按照劳动防护用品使用规则和防护要求正确使用劳动防护用品。使用前要对其防护功能进行严格检查，对于损坏或磨损严重的必须及时更换。

四、办公室的现代病

办公室的现代化包括电脑、复印机、空调等等的广泛应用。这些先进的设备在带来便利的同时，也带来了大量问题。许多公司已经认识到这些问题，并已开始采取措施。例如：英特尔公司设有专职的工程师，负责分析员工在工作时的生理变化、能量消耗、疲劳机理以及对各种劳动负荷的适应能力，通过对良好工作环境的塑造，保证员工拥有最好的工作状态。即使是员工坐的椅子，也是经过科学设计的"人机工程椅"，座椅的高度、深度、扶手、靠背等都可以根据个人的身体情况调整，腰部的支撑也可根据个人的身高进行调整，力求符合人体的健康原理。除此以外，英特尔公司还倡导员工使用休息提醒软件，每隔一个小时弹出一次，提醒电脑前的员工休息几分钟；Websense公司入职就送绿植，减少电脑的辐射，每天中午熄灯一小时，促使员工养成健康作息的习惯；谷歌公司在新员工入职时发放办公桌装修经费，不仅符合个人的健康习惯，从社会心理学的角度看，提升自尊，激发了个体产生更大的能量。

（一）办公室的空气污染及防范措施

"负离子"是对人体及其他生物的生命活动有着十分重要的影响，被称为"空气维生素"。但是现在的办公室门窗紧闭，空调、电脑、复印机、电视机、消毒柜等电器的使用，使得室内空气的负氧离子数目显著减少。主要原因在于空调等电器设备产生正离子，关闭的室内空气经过反复的过滤，负离子显著。

从空调室出来会很明显地感觉到室内外条件的差异，加上负离子的减少，就会导致室内"空调综合征"，也就是通常说的"空调病"。

电脑的显示器、电视机的高压电、激光打印机、复印机等会产生臭氧。臭氧具有很强的氧化作用，对呼吸道有着强烈的刺激性。如果复印机室内通风不良的话，容易产生"复印机综合征"，表现为咽喉干燥、咳嗽、头晕、视力减退等，严重时甚至可以导致肺水肿或神经方面的病变。

人体本身呼出大量的二氧化碳，以及肺部可以排出20多种有毒的物质，包括二甲基胺、硫化氢等，皮肤散发大量的乳酸等有机物质，对于吸烟的人来说，排出的有毒有害物质更是严重威胁人们的健康。建议：

1. 早上应该打开门窗通风，让新鲜空气进入室内。
2. 在办公室摆放活性乌金碳或者空气净化器，有毒有害的气体将被它吸附。
3. 戒烟。不能戒烟者，不要或者尽量少在室内吸烟。
4. 人与彩电的距离最好在4~5m，与电脑的距离也要尽可能远，一些容易产生电磁波的电器不要放置在办公室内。
5. 室内种植花草，来降低有害的气体的浓度。花草要保持清洁，避免滋生细菌。

（二）防范电脑对人体的损害

1. 电脑对眼睛的影响。长期从事电脑操作的人员容易眼睛疲劳、视觉模糊、视力下降、眼睛干涩发痒、酸胀疼痛、头晕、近视、心情烦躁和容易疲劳。因为无论是普通显示器还是液晶显示器，眼睛的负担比读书写字要大得多。操作者眼睛在视屏、文件和键盘之间频繁移动，双眼不断地在各视点及视距间频繁调节，加上视屏的闪烁、反光和眩目造成视觉疲劳。只要面对显示器，这种状态不可避免。应做到：

（1）闭目。眼睛疲劳时，最好的缓解办法是闭目休息，让眼睛离开电脑几分钟。经常对着电脑工作的上班族，应该每工作1个小时就要休息一次。

（2）注意光线。在微暗的灯光下阅读，不会伤害眼睛，但若光线未提供足够的明暗对比，将使眼睛容易疲劳。

（3）用茶敷眼或将双手搓热盖住眼睛。外敷时将毛巾浸入茶中，略湿后将毛巾敷在眼部，闭眼片刻，这将使眼睛疲劳消除。或摩擦双手，直至它们暖和为止。然后，闭上双眼，用手掌盖住眼圈。

2. 小心键盘污垢。电脑键盘是一个重要的污染源，饼干屑、橡皮屑、头发，等等，都隐在小小的键盘内，此外，键盘上还潜伏着大量肉眼看不到的细菌。需定时清洁键盘，远离不良卫生习惯。

（1）操作中避免手与眼睛、面部皮肤以及鼻孔、耳孔等部位直接接触。部分人思考习惯左手托在脸颊上，感觉眼睛干涩时用手揉眼睛，面部有疼痒时用手指抠皮肤等，这些不良习惯都为疾病传播提供了前提条件。比如皮肤表面有一些伤口，细菌接触伤口后会发生感染。

（2）操作键盘时不要吃东西、吸烟。在电脑前喝饮料、吃零食或抽支烟，都会导致细菌随着手与食物的接触进入到身体内部。因此电脑操作，包括接触公共设施物品时，不要直接拿食物。

（3）使用键盘后洗手。

3. 注意防范"鼠标手"。经常使用电脑的上班族很容易患上"鼠标手"，每天重复着在键盘上打字和移动鼠标，手腕关节反复、过度地活动，手指频繁地用力，还使手及相关部位的神经、肌肉因过度疲劳而受损，造成缺血缺氧而出现麻木、抽筋、腕关节肿胀、手部动作不灵活甚至无力等一系列症状。"鼠标手"只是局部症状，如果鼠标位置不够合理，太高、太低或者太远可能继发产生颈肩腕综合征。

（1）"鼠标手"的预防。不要过于用力敲打键盘及鼠标的按键，用力轻松适中即可；使用鼠标时，放在与下臂平行的位置，避免在操作时背曲过度；键盘和鼠标的高度，最好低于坐着时的肘部高度；尽量避免上肢长时间处于固定、机械而频繁活动的工作状态下，使用鼠标或打字时，每工作一小时就要起身活动活动肢体，做一些握拳、捏指等放松手指的动作。

（2）"鼠标手"的治疗。"鼠标手"早期症状比较轻，这时需要休息。必要时可用木板等将手腕固定，使其伸直，放松受压的神经，改善血液循环。

五、职业卫生管理

1. 对工作场所存在的各种职业危害因素进行定期监测，工作场所各种职业危害因素检测结果必须符合国家有关标准要求。有毒有害工作场所的醒目位置应设置有毒有害因素告示牌，注明岗位名称、有毒有害因素名称、国家规定的最高允许浓度、监测结果、预防措施等。

2. 对疑似职业病的员工需要上报职防机构诊治，并提供职业接触史和现场职业卫生情况，到具有职业病诊疗资格的职防部门进行检查、诊断。

3. 对接触尘毒等职业危害的员工进行医学监护，包括上岗前的健康检查、在岗时的定期职业健康检查、离岗及退休前的职业健康检查。没有进行职业性健康检查的员工不得从事接触职业危害作业，有职业禁忌症的员工不得从事所禁忌的作业。

4. 工作场所发生危害员工健康的紧急情况，应立即组织该场所的员工进行应急职业性健康检查，并采取相应处理措施。

第六节 防止意外

意外伤害严重威胁了人类的健康和生命安全。世界各国伤害的发生率、致残率、致死率均逐年上升。全球每年有3亿人遭受伤害，700万人死亡，1500万人遗留功能障碍，800万人终生残疾。因伤害造成的经济损失和社会负担巨大，例如美国因伤害的医疗支付占医疗总支出的12%。WHO指出，2020年人类前3位死亡原因将是心血管疾病、伤害和神经、精神疾病。其中80%的伤害发生在发展中国家，半数以上在亚太地区。

意外伤害在我国已升至第4位死亡原因，是1~34岁年龄段的第1位死因。每年全国有7000万人发生伤害，不少于4000万人因伤害需要急诊或医治，最终有近200万人遗留功能障碍，190万人终生残疾，80万人死亡。伤害所致的经济损失和社会负担远远超过任何一种传染病或慢性病，因伤害死亡的寿命损失也大于任何一种疾病。

一、防止意外伤害的教育

通过专题讲座、公益广告、印刷和分发宣传资料、行为展示，向员工进行防范意外伤害的健康教育（health education）。

1. 教育员工提高安全和自我保护意识，减少某些急症的人为危险因素，如开车或坐在汽车前排时应使用安全带，切勿酒后驾车，行人穿越马路应走"斑马线"，员工子女上学途中戴黄色的安全帽、背黄色书包等。

2. 让员工学会如何应付突发性灾害，提高自救、互救能力。例如在火灾现场切忌奔跑、喊叫，应用湿毛巾捂住口鼻，禁乘电梯，用绳索或撕被单连接成绳索，然后绑在窗架上逃生的自救方法。

3. 定期组织员工进行心肺复苏模拟操作，以便在紧急情况下自行或协助急救人员对他人施救。

二、常见意外伤害的预防

（一）烧、烫伤的预防

1. 沐浴时应先放冷水后放热水，教育员工勿把幼儿单独留在浴缸内，以免开启水龙头而烫伤；

2. 切勿在做饭中途离家外出或睡觉，以免燃点中的火烧着附近可燃物品造成火灾。

3. 切勿在床上及沙发上吸烟，以免烟蒂燃着床铺或沙发，引致火灾。
4. 建筑物的安全通道应保持畅通，勿堆放杂物。
5. 如有火灾应用湿毛巾捂住口鼻，禁乘电梯，从楼梯逃生。
6. 夏季外出应戴草帽遮阳。野外操作人员应穿长袖上衣、长裤，避免晒伤。

（二）溺水的预防

1. 广泛宣传游泳常识，做好初学游泳人员的安全教育。
2. 下水的个人应熟知水域情况和救护设施，并尽量在有他人在场的情况下下水。下水前要作准备活动，以防下水后发生肌肉抽搐。一旦腓肠肌痉挛，应及时呼救，同时将身体抱成一团，浮出水面，深吸一口气，将脸浸入水中，将痉挛下肢的拇趾用力往前上方拉，使拇趾翘起来，持续用力直至剧痛消失。反复吸气和按摩痉挛疼痛部位，慢慢向岸边游。
3. 教育员工及子女不要在河边、池塘边玩耍，尤其是学龄前儿童。
4. 不会游泳者一旦落水，保持冷静，设法呼吸，等待他救机会。具体方法：采取伸面体位，头顶向后，尽量使口鼻露出水面，切不可将手上举或挣扎，否则更易下沉。
5. 发现有人溺水时，若救护者不谙水性，可迅速投下绳索、竹竿等，让溺水者抓住再拖上岸；谙熟水性者应从挣扎的溺水者背后游近，用一只手从背后托住其头颈，另一只手抓住其手臂游向岸边。救护时防止被溺水者紧紧抱住，如已被抱住，应放手自沉，使溺水者手松开，再进行救护。
6. 入夏前应检查内部游泳池，对救生员应进行技术培训。
7. 针对水上作业人员的作业特点，进行安全教育，严格遵守操作规程。
8. 对水上作业人员进行心肺复苏的基本抢救训练，能有效地防范溺水身亡。

（三）意外中毒的预防

1. 加强中毒预防的宣传教育，向员工宣传防范各种生活源性意外中毒的知识。
2. 正确贮存单位及家庭中潜在致毒物，剧毒物资应建立领用制度。
3. 通风不良的空调车内汽车尾气产生的 CO 亦可使人中毒，应定时打开车窗，以使空气流通。
4. 冬季沐浴时小心使用燃气热水器，宜选择对流平衡式。尤其年老体弱者应当趁家中有人时洗澡。
5. 室内用煤炉取暖，要设置外排废气的烟道。

（四）一般外伤、多发性创伤的预防

1. 严格遵守交通规则，乘机动车应使用安全带，骑摩托车者应戴头盔，切勿疲劳及酒后驾车。避免在出现睡意，或 24h 内睡眠时间不足 5h，或凌晨 2：00 至 5：00 这 3 种情况下驾车。
2. 注意交通安全，行人穿越马路要走横道线。

3. 高空作业要遵守安全生产，勿违规操作机器。
4. 有视、听功能障碍及 70 岁以上的高龄老人，外出应有人陪同。
5. 卫生间、厨房地面及浴盆应防滑，浴盆应设有扶手。
6. 不让儿童独自在阳台上玩耍，在危险处应设防护栏。

（五）电击伤的预防

1. 普及安全用电知识，家庭或单位的电器用品应由专业人员正确安装，定期维护，都应有可靠的接地及短路保护装置线路。
2. 雷电时，不要在露天场地或荒郊野外站立或工作，不要在大树下或金属顶棚下停留，应寻找室内避雨。
3. 幼儿应有专人看管，不要让儿童接触电线、插座。接上电源的电器尽可能放在儿童不能触及之处。

第七节　正 确 就 医

一、了解医师的诊断思维

了解医师如何诊疗疾病，对于每位员工来说都是不可缺少的社会知识——它将有助于人们的自我保护与疾病的康复。

（一）病史、查体和实验室检查在诊断中的作用

医师认真地采集病史，对于疾病的临床诊断起到关键性的作用。Hampton 等（1975 年）的研究表明，在心脏科门诊中约有 83% 的新病人是仅靠临床病史就得出诊断的；而仅靠查体或检验作出诊断的，则分别只有 9%。Sandler（1979 年）另一项更大范围的比较研究表明，在全部转诊病例中，约有 27% 的消化道问题、67% 的心脏问题仅靠了解病史就得出了诊断，总计约占转诊诊断的 56%；靠查体确定诊断约占 17%——其中心血管问题约占 24%；靠常规检验确定的诊断约占 5%——其中呼吸道疾病占 17%；靠特殊检查确定的诊断约占 18%，其中心血管疾病占 6%，消化道疾病占 58%；而常规血、尿检查对于确定诊断的作用更少（1%）。

然而，强调病史的重要性并不意味着问得越多越好。一份有意义的病史应是分量适宜的、有利于鉴别的病史。例如，甲状腺功能亢进是一种可以存在许多临床特点的病情。如果一个医师怀疑病人患有甲亢，他就会去了解病人有无食欲增加、消瘦、心悸以及怕热等症状——因为这些特点都与甲亢相关。然而，除了甲亢以外，其他许多疾病也可以有类似疲劳和急躁易怒等症状，在鉴别甲亢与其他疾病时，没有有帮助的特异性症状，必须依靠甲状腺功能检查来明确诊断。因此，病史、体检和实验室诊断在不同的疾病诊断中有不同的地位，三者是互相配合的。

除了病史、物理检查和必要的实验室检查结果以外，对心理社会问题的了解也可给医师提供许多潜在的线索。

（二）医师临床判断的基本程序

医师最初的临床判断一般属于模型辨认，即套用教科书上有关疾病的描述，如"咳嗽+高热+咳脓痰＝肺炎"。只有在病情典型、符合唯一的疾病模型时，才能使用这种方法，因此其应用很有限；如果无法轻易辨认，则进入下一步较为复杂的分析过程。

医师在记忆中保存着三方面的资料：①从教育和工作中获得的一系列疾患的特征——一份问题清单；②病人现有病情的可能原因——对引起不同年龄性别病人的问题原因的实际体验；③原有的关于该病人背景的知识。依据这三方面的知识，医师对病人问题进行简单的分类和即刻的观察，按照重病、一般病或小问题，急性还是慢性，以及病人是否为自己担忧焦虑等将病情归入不同类型，从而缩小可能的病因范围。如果一名儿童患有咳嗽，其可能性不会包括支气管肺癌；如果一个男病人患下腹部疼痛，医师当然不会去考虑妇科问题。

这些考虑使医师对问题的性质产生一个直觉，并沿着这个思路去搜集资料，形成数目有限的几个诊断假设。有研究表明，在就诊开始后的半分钟到1分钟内，医师大约可以形成4个假设。这个过程相当迅速，是在大量搜集资料之前就发生的，并且对搜集资料起到指导作用。

下一步是将这些假设按照疾病发生率、严重性和可治疗性来排列优先顺序。有些时候，某种发生率不很高的问题却有较严重而可治疗的后果，其排列顺序需要提前。例如，对一个腹痛的儿童，即使阑尾炎的概率大大低于胃肠炎，但由于考虑到其严重性和可治性，阑尾炎还是应该排在第一位——没有医师愿意在阑尾炎问题上误诊，所以常把它作为第一个要排除的问题。此外，还有些严重的、危及生命的问题，如心肌梗死对于40岁以上的胸痛患者，宫外孕对于下腹痛或非月经期阴道出血的育龄妇女，脑膜炎对于婴儿，肺栓塞对于急性气促的成年人等，都是虽然少见但却必需的鉴别诊断。

接着医师就用向病人继续提问的方式来检验假设。他针对各个假设的性质进一步搜集资料：用一些特定的直接的问题来确认或否定他的假设，逐渐缩小包围圈；这些问题对诊断假设具有最大的鉴别力。例如，医师怀疑病人的胸痛是由心肌缺血引起，他就要询问其症状与用力的关系；如果他怀疑其胸痛是因逆流性食管炎引起，他就会询问症状与姿势的关系。

然后，医师往往会"扫描"式地询问有关病人背景的问题：既往史，个人史，家族史，社会交往和职业史，以及吸烟、饮酒、进食、睡眠和锻炼习惯等。

等到查体完成，其他能够即刻搜集的资料也均已到手，如能证实一个或几个诊断假设，便形成了诊断。有时候医师可以排除一些假设，却得不到足够的关键性的资料来确认初始假设。在这种情况下,他需要再把视野放大,把另外一些假设考虑进去,对这些假设作修改后重新确定先后顺序并进行检验。这一循环过程将继续进行,直到医师确认了一个或几个诊断,或接受其中的一些做为试验性诊断为止。

接着就是作出处理决定,此时经常可以引出与处理相关的更多资料,并邀请病人按时随访。在随访阶段,由于病人提供了更多的资料,医师据以建立处理计划的诊断假设可能会得到证实;如果仍未证实,则再开始修改假设并检验之。临床判断就是这样一个循环往复的过程(图3-2)。

根据上述描述,病人就医时需要与医师很好地合作,以便医师能够顺利地完成临床判断,采取正确的诊疗措施。

二、病人如何正确就医

就医是有学问的。患病后到哪里去就诊?首诊医院是否越大越好?医师是否越专越好?化验检查是否越全越好?药品是否越贵越好?是否完全听由医师处置?

(一)选择合理的就医路线

身体不适需要选择就医机构时,并非首要到大医院。大医院通常门槛高、挂号难、看病贵,且大医院都是高度专科化,其诊疗科室一般都按照"系统"或"器官"分科(即所谓"三级学科"或"四级学科"),专科医师处于卫生服务金字塔的顶部,其所处理的多为生物医学上的重病,往往需要动用昂贵的医疗资源,以解决少数病人的疑难问题。他们的首要任务是排除专科疑难病,是运用高度复杂而精密的仪器设备救治病人,因而在接诊时较少考虑常见疾病,也没有充足的时间与病人沟通,考虑病人的期望与感受。这种工作方式往往会让有常见病多发病的一般患者感到不适应、不愉快,抱怨颇多,"花钱买罪受"。

那么,首诊该到哪里去就医呢?一般而言首诊应选择社区卫生服务机构(含部分单位自办职工医疗机构),可为个人、家庭提供优质、方便、经济有效的基层医疗保健服务。我国现已建立了较为完善的社区卫生服务体系,社区卫生服务机构提供的是贴近群众的第一线医疗服务,社区医师进行诊疗时,首先考虑的是最常见、最多发的疾病,主要依靠对病人背景的熟悉和对病史的详细询问,采用的是基本技术工具和普通药物,并特别重视对病人的咨询、健康教育以及旨在改善生活方式的非药物疗法。据统计社区医师能够以相对简便、便宜而有效的手段解决90%左右的健康问题,并根据需要,有针对性地安排病人进入其他级别或类别的医疗保健服务。

(二)与医师建立伙伴关系

在防治疾病的过程中,医师不是包治百病的救世主,而是病人与家庭的战友和伙伴。良好的医患关系是建立在共同目标、一起努力、良好沟通的基础上。要和医师建立一个良好的伙伴关系,应遵循如下原则:

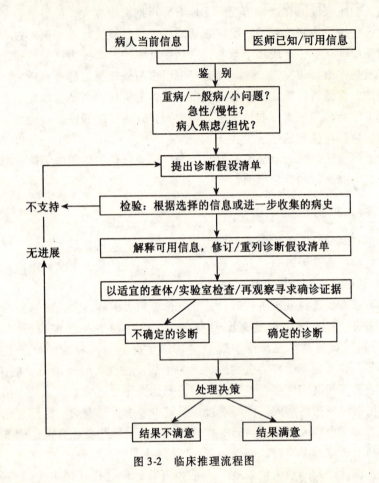

图 3-2　临床推理流程图

1. 要对自己的健康负责　要想健康靠自己，医师是协助者或辅导员。有了身体不适要及时就医。忽略自己的某些症状，常常会酿成大病。

2. 就诊前要做好充分准备　大部分看病时间只有 10～15min。病人的准备越充分，收获也会越大。

（1）准备一张询问医师的问题表，把自己的预感或担心记下来；

（2）记下 3 个最想知道的问题。短暂的就诊时间不允许问太多问题。

（3）在到大医院看专科医生前，应知道自己目前的诊断结果或者疑似诊断；了解基本的治疗选择；明白自己为什么要看专科医师，想解决什么问题。

3. 每次就诊时做一个积极主动的参与者

（1）诚实和坦率：要告诉医师自己的病情和想法，让医师了解事情的进展。

（2）如果医师建议用药、做检查或者其他治疗，在同意之前，多了解一些相关的风险和利益、成本、其他的可替代方法和可能的结果。

（3）记笔记：记下诊断结果、治疗措施、随访计划和在家中能够做的事情。然后请医师审核一下，确保正确。如果认为有必要，可以请朋友陪伴就诊，记录下医师所说的内容。这样，病人可以集中注意力与医师讨论。

（三）就医的准备工作

以下内容提示就诊前、中、后如何准备和采取什么行动。

1. 就诊前

（1）准备好自我保健记录，去看医师时带上。

（2）准备一份自己目前服用的药物清单。如果曾经因为类似问题看过其他医师，把上次就诊的病历带上。

2. 就诊过程中

（1）告诉医师自己的主要健康问题是什么。

（2）根据自我保健记录描述自己的症状。

（3）描述过去遇到同样问题时的经历。

3. 就诊后

（1）记录医师诊断意见：身体哪部分出了问题。

（2）下次可能会发生什么。

（3）在家里能够做什么。

（4）有哪些危险的症状需要注意。

（5）过多长时间再来看医师。

（6）还需要知道些什么。

4. 关于检查

（1）检查的名称是什么？为什么需要做这项检查？

（2）如果检查结果是阳性的，医生会怎样做？

（3）如果不做这项检查会有什么后果吗？

（4）检查的精确性如何？出现假阳性的几率是多大？出现假阴性的几率有多大？

（5）该检查会感到疼痛吗？可能发生什么意外吗？

（6）做完检查后的感觉如何？

（7）是否还有其他风险性更小的选择可以替代这一检查？

如果检查风险很大或者即使检查后也不会改变治疗方式，可以问医师是否能够不做此项检查。任何检查都应该是在自愿同意的基础上进行的，病人有权拒绝接受某项检查。

如果同意接受该检查，要向医师咨询在检查前需要做些什么以降低检查的错误率。了解检查之前是否需要限制饮食、限制酒精摄入、限制运动或者停止正在服用的药物。在检查之后,可以要求查看检查结果。如果检查结果出乎意料,并且该检查的错误率很高,应考虑重做一次之后,再决定下一步治疗。

5. 关于药物

药物治疗的首要原则是:服用之前必须知道为什么需要服用这种药物。

(1) 药物的名称是什么?为什么需要服用它?
(2) 药物需要多长时间能够起效?
(3) 需要服用多长时间?
(4) 应该何时服用它,怎样服用?(与食物同时、空腹等)
(5) 还有其他非药物治疗可以替代吗?
(6) 是否对某些药物过敏或有什么其他副作用或者其他风险?
(7) 这种药物会与目前您正在服用的其他药物或者中药发生相互作用吗?
(8) 该药物的国产平价产品是否同样有效且适合自己用?

6. 关于手术

所有手术都有风险,病人自己应该决定是否手术,手术所带来的益处是否值得冒风险。

(1) 手术名称是什么,该手术的完整过程是怎样的?
(2) 为什么医师认为您需要做这个手术?
(3) 除了手术还有别的治疗选择吗?
(4) 该手术是解决这个问题最常用的办法吗?还有其他手术方式吗?
(5) 手术失误会造成什么后果?发生率有多大?
(6) 术后会有什么感觉?术后多长时间可以完全恢复?
(7) 该手术是属于医疗保险范围内的还是自费的?

如果对是否手术治疗存在疑虑,可与主管医师协商请其他专家会诊,还可以听一听治疗类似问题的非外科医师的意见。

第八节 合 理 用 药

中国医药历史悠久,民间素有服用中草药进行自我保健的传统,时至今日,"积极治疗"、"恨病吃药"、"猛药治病",仍是"中国医疗文化"的特点之一,只不过其中增加了西药和保健品的内容;多年来公费医疗制度的影响,人们普遍具有以"开药"作为就医最重要目的的习惯;而对于医院和医师来说,政策的偏差养成了他们开大处方的习惯,"以药养医"已经成为医疗机构必要的生存途径。在这种情况下,滥用药、多用药、错用药导致的药源性疾病甚至死亡的事件时有发生,如何合理用药成为公众关注的焦点之一。

但合理用药是一个涉及面广、难度高的复杂性工作。药物品种在随着医药科学的发展而迅速增加，现在国内常用的处方药物已达 7000 种之多。我国每年死于药物不良反应者近 20 万人，若能大力推动合理用药，做到安全、有效、经济、适当，则可减少大量浪费和药害。

一、合理用药的原则

（一）明确诊断，针对适应症选药

这是合理用药的前提。尽量认清疾病性质和病情严重程度，确定用药所要解决的问题，对因、对症并举，选择有针对性的药物和合适的剂量。

（二）根据药理学特点选药

根据初步选定拟用药物的药效学和药动学知识，全面考虑可能影响药物作用的各种因素，扬长避短，仔细制订包括用药剂量、给药途径、投药时间、疗程长短、是否联合用药等内容的用药方案。应抱着"可用可不用的药物尽量不用"的态度，争取用最少的药物达到预期目的。

（三）及时完善用药方案

用药过程中既要认真执行已定的用药方案，又要密切观察用药后的反应（包括必要的指标和试验数据），判定药物的疗效和不良反应，并及时调整剂量或更换药物。

（四）强调个体化

任何药物的作用都有两面性，既有治疗作用，又有不良反应；同时还有药物的相互作用。不同病人对药物作用的敏感性也不同，使情况更为复杂。因此，用药方案要强调个体化。

二、"好药"的标准及说明书的理解

什么是好药？——新药？贵药？进口药？应该说最适合病情的就是最好的药。任何药都不可能完全无毒副作用，关键在于正确使用。治疗一般性感染，应从国家基本药物中常用药物入手选药，只要病原菌对所用药物敏感，照样可获肯定疗效。可见抗菌药物疗效并不取决于药品新老、价格贵贱。

那么，怎样正确理解药品说明书呢？目前的说明书有两种不同类型：比较正规的与比较不正规的。很多正规厂家在药品说明书中，根据科学要求，如实地逐条说明了该药治疗作用以外的毒副作用或不良反应，令有些患者看了感到心中不安或不敢使用；而某些厂家（特别是生产某些中成药的厂家）在其说明书或广告中声称"无毒副作用"，或是"纯天然制剂，无毒副作用。"对这类说法不但患者相信，而且有的健康管理师或医生也对此轻信，这是很荒谬的。

祖国历代医家从不认为凡是中药都无毒。通常，"本草"书在提到一种中药的"性"、"味"后都紧接着注明它的毒性大小。《黄帝内经》中提出："大毒治病，十去其六；常毒治病，十去其七；小毒治病，十去其八；无毒治病，十去其九……"说明中国古代医生从不讳言药物有毒，也从未因其有毒而不用，只是谆谆告诫正视药的毒性，在使用过程中注意观察防范，做到适可而止。在当时历史条件下提出这些论点，可说是用心良苦，从而可知，把中药与无毒并提是一种违反科学和历代前辈医家意愿的错误提法。

三、了解不同人群的用药特点

（一）儿童

小儿特别是新生儿和婴幼儿各系统器官功能不健全，肝脏对药物的解毒作用与肾脏对药物的排泄能力低下，肝酶系统发育尚未完善，因而易发生药物不良反应。此外，新生儿体表面积相对较大，粘膜嫩，皮肤角化层薄，局部用药过多或用药时间过久易致毒性反应。例如，新生儿局部应用新霉素滴耳剂过多或过久可致耳聋。

长期服用某些激素类药物地塞米松、泼尼松等激素可导致儿童生长发育迟缓，引起骨质疏松而发生骨折；还可能使儿童体内蛋白质、脂肪、糖等营养物质代谢紊乱，抑制蛋白质的合成，减少组织对葡萄糖的利用和再吸收。此外，还容易造成儿童免疫功能下降，诱发多种感染性疾病等。

过量服用维生素 A 可引起毛发枯干、皮疹、瘙痒、厌食、骨痛、头痛、呕吐等中毒症状；维生素 D 过量可引起低热、呕吐、腹泻、厌食甚至软组织异位骨化、蛋白尿、肾脏损害等症；维生素 C 服用过量可引起腹痛、腹泻等症。

长期大剂量使用氨基糖苷类抗生素如链霉素、庆大霉素、卡那霉素、小诺霉素、新霉素等，会导致儿童的听力下降，严重者可使听神经发生变性和萎缩，从而导致不可逆性的耳聋、耳鸣。长期服用磺胺等消炎药，会因抑制肠道正常菌群的生长而发生维生素 K 缺乏症，出现鼻出血及再生障碍性贫血等。

对乙酰氨基酸（扑热息痛）在小儿发热时常用，但倘若每日用量超过 3g，便可能发生急性中毒，甚至可以引起致死性肝损伤。

复方甘草片因该药含有阿片粉的成分，故 1 岁以内的婴儿每次仅能服用 1/4 片，倘若用量过大，可导致阿片中毒，出现急性呼吸衰竭。

（二）孕妇及乳母

妊娠早期被认为是药物致畸作用的敏感期。受精卵 3~8 周为胚胎期，从第 4 周起，胚胎的器官开始发育，并迅速发育至第 3 个月。此期是器官发育最活跃的时期，也是药物最易干扰胚胎组织细胞正常分化的时期，可能导致胎儿流产、畸形或器官功能缺陷，此期尽可能不用药。

但是，妊娠期的合并症、并发症并不少见，不能讳疾忌医，应向有经验的医师或药师咨询，全面考虑母体与胎儿双方面的需要后慎重选择，合理使用。也不要以为非处方药安全而轻易使用。

根据药物对胎儿的危害程度，人们将药物分为 5 级：a、b、c、d、x，危害程度从 a 到 x 依次增加。a 级最安全，b 级比较安全，c 级不能排除风险，d 级有风险证据，但用药也有可能利大于弊，x 级最危险，孕妇禁用。

孕妇用药要遵循以下原则：

1. 任何药物的应用均在医师、药师的指导下服用。
2. 能少用的药物绝不多用；可用可不用的，则不要用。
3. 必须用药时，则尽可能选用对胎儿无损害或影响小的药物，如因治疗需要而必须较长期应用某种可致畸的药物，则应终止妊娠。
4. 根据治疗效果，尽量缩短用药疗程，及时减量或停药。
5. 服用药物时，注意包装上的"孕妇慎用、忌用、禁用"字样。
6. 孕妇误服致畸或可能致畸的药物后，应与医师协商，根据妊娠时间、用药量及用药时间长短，结合自己的年龄及胎次等问题综合考虑，是否要终止妊娠。

哺乳期乳汁中浓度较高的药物均有可能影响婴儿。医师给哺乳母亲用药时应该考虑的问题有：①有没有必要给哺乳母亲使用这种药物，向儿科医师和其他专家咨询；②使用最安全的药物；③调整母亲服药与哺乳时间，如给婴儿哺乳结束后母亲立即用药，或在婴儿较长睡眠前用药，将婴儿可能接触药物的量降至最低。

哺乳母亲禁止使用的部分药物包括：红霉素、四环素、卡那霉素、庆大霉素、氯霉素、磺胺类、甲硝唑、甲丙氨酯（眠尔通）、安定类、吲哚美辛（消炎痛）、硫脲嘧啶、放射性碘 131 和 125、西咪替丁（甲氰咪胍）、氢氯噻嗪。

哺乳母亲应慎重使用的部分药物包括：阿司匹林、氯林可霉素、巴比妥类、口服避孕药、酚肽、奎宁、异烟肼、青霉素、链霉素。

（三）老年人

对药品做一期临床试验时，通常是以青中年健康人为试验对象。二期临床验证虽然可用于不同性别年龄患者，但其设定剂量多仍以青中年人为准。这种所谓"常用剂量"是否适宜用于老年人，是一个值得特别注意的问题。

老年人由于各重要器官功能逐渐衰退，对药物的吸收、排泄、代谢、分布及其作用与青壮年迥然不同。实验证明，肝脏微粒体细胞色素 P450 酶的生成与活性随增龄而降低；老年人肾脏的肾单元随增龄而减少，肾小球滤过率及肾血流量均减少 50% 左右，80 岁以上老年人肾单元仅为青年人的 1/3，肌酐清除率降至青壮年的 1/3 以下，使药物的排泄受到限制。老年人体内水分和肌肉组织逐渐减少，脂肪相对增加，这会引起药物分布的变化，如亲脂性药物巴比妥、地西泮（安定）等，可能在脂肪组织内蓄积，产生持久作用。因而，氨基比林、保泰松、苯妥英钠、巴比妥、四环素等药物在老年人血液及组织中浓度增加，半衰期延长 20% ~ 50%。有的药物如地西泮等半衰期，老年人比青壮年延长 4 ~ 5 倍。这些是老年人对药物敏感性增强和易发生毒性反应的重要原因。

同时，老年人往往身患多病，用药种类较多，会产生药物有益的和不良的相互作用，甚至严重的毒副作用。但老年人自我感觉较迟钝，主诉较少，易被医师忽视；而药物不良反应又常因病情本身的恶化很难鉴别。老年人用药应注意以下几点：

1. 严格掌握用药指征，合理选择药物。

2. 用药种类能少时就不要增多，以减少药物相互作用造成的复杂关系；多病并存者，应研究它们之间的关系，用能兼顾各种疾病的药，避免重复使用作用相同或类似的药。

3. 从小剂量开始根据年龄、体重、肝肾功能及病情，考虑个体化剂量。

4. 及时评价疗效并修订方案，加强用药指导和监测，避免忘服、漏服、错服药品。

5. 熟悉所给药物的实际来源、厂家和效价（不同厂家产品效价可能不同，对于一些药性较强、量效关系严密或对患者当前治疗有重大关系的药，更须格外注意）。

（周志斌　吴　超　刘永平）

第四章 健康干预(二)慢性非传染性疾病防治

慢性非传染性疾病是一组潜伏时间长,一旦发病不能自愈的,且很难治愈的非传染性疾病。从广义上讲,慢病指由于长期紧张疲劳、不良的生活习惯、有害的饮食习惯、环境污染物的暴露、忽视自我保健和心理应变平衡逐渐积累而发生的疾病。

慢性非传染性疾病具有以下特点:它是常见病,多发病;发病隐匿,潜伏期长;多种因素共同致病,一果多因,个人生活方式对发病有重要影响;一因多果,相互关联,一体多病;增长速度加快,发病呈年轻化趋势。

按照国际疾病系统分类法(ICD-10)标准将慢性非传染性疾病分为:

1. 精神和行为障碍 老年性痴呆、精神分裂症、神经衰弱、神经症(焦虑、强迫、抑郁)等。
2. 呼吸系统疾病 慢性支气管炎、肺气肿、慢性阻塞性肺部疾病等。
3. 循环系统疾病 高血压、动脉粥样硬化、冠心病、心肌梗死等。
4. 消化系统疾病 慢性胃炎、消化性胃溃疡、胰腺炎、胆石症等。
5. 内分泌、营养代谢疾病 血脂紊乱、痛风、糖尿病、肥胖、营养缺乏等。
6. 肌肉骨骼系统和结缔组织疾病 骨关节病、骨质疏松症等。
7. 恶性肿瘤 肺癌、肝癌、胃癌、食管癌、结肠癌等。

第一节 冠心病的防治

一、概述

冠心病是冠状动脉粥样硬化性心脏病的简称,指供给心脏营养物质的血管冠状动脉发生严重粥样硬化或痉挛,使冠状动脉狭窄或阻塞,以及血栓形成造成管腔闭塞,导致心肌缺血缺氧或梗塞的一种心脏病,亦称缺血性心脏病。冠心病是动脉粥样硬化导致器官病变的最常见类型,也是危害中老年人健康的常见病。本病多发生在40岁以后,男性多于女性,脑力劳动者多于体力劳动者,城市多于农村,平均患病率约为6.49%,而且患病率随年龄的增长而增高,是老年人最常见的一种心血管疾病。随着人民生活水平的提高,目前冠心病在我国的患病率呈逐年上升的趋势,并且患病年龄趋于年轻化。

二、流行特点和危险因素

20世纪80年代以来,我国经济的高速增长以及人民生活水平不断提高,膳食结构不合理、人群体力活动减少、体重上升、血清胆固醇升高、血压升高、男性吸烟率上升、生活节奏加快、社会心理压力加重等因素导致我国冠心病发病率和死亡率呈逐年上升趋势。统计数据证实,2000年中国内地有51.5万人死于该病,2004年全国因冠心病住院为186万人次。

由卫生部心血管病防治研究中心编写的《中国心血管病报告2005》是我国发布的第一部中国心血管病权威报告,年报揭示了我国心血管病的危险因素呈明显增长态势,中国医学科学院阜外医院高润林院士牵头主持的反映中国部分地区急性冠脉综合征治疗现状的CPACS研究表明,其防治也是一项艰巨而复杂的系统工程,需要全社会共同努力,积极采取有效措施,预防和控制心血管病危险因素,从而遏制冠心病发病的增长态势。

冠心病是多因素的疾病,为多种因素作用于不同环节所致。这些危险因素主要包括:

1. 年龄:本病多见于40岁以上的中老年人,49岁以后进展较快,但近年来,冠心病的发病有年轻化的趋势。

2. 性别:在我国男女比例约为2:1。但女性绝经期后,由于雌激素水平明显下降,LDL水平升高,女性冠心病发病率明显上升,有资料表明,60岁以后女性发病率大于男性。

3. 职业:脑力劳动者大于体力劳动者,经常有紧迫感的工作较易患病。

4. 饮食:常进食较高热量的饮食、较多的动物脂肪、胆固醇者易患本病。同时食量大也易患本病。

5. 血脂:由于遗传因素或脂肪摄入过多,或脂质代谢紊乱而致血脂异常者,如总胆固醇(TC)、甘油三酯(TG)、低密度脂蛋白(LDL-c)或极低密度脂蛋白(vLDL-C)增高,高密度脂蛋白(HDL-C)减低增加冠心病发病危险。近年认为载脂蛋白A降低和载脂蛋白B的增高也是独立的致病因素。

6. 血压:血压升高是冠心病发病的独立危险因素,高血压病人患本病者是血压正常者的4倍;自Framingham研究以来多项前瞻性研究表明,高血压不论是稳定的或不稳定的,收缩期的或舒张期的,轻度的或重度的,在任何年龄,性别,都是冠心病最主要危险因素之一。

7. 糖尿病:有资料表明,糖尿病病人本病发病率是非糖尿病者的2倍。

8. 肥胖:肥胖在动脉粥样硬化代谢的改变上起着决定性的作用,特别是腹形肥胖常伴随其他几项重要的危险因素存在,如高血压、血脂异常、非胰岛素依赖性糖尿病,体重迅速增加者尤其如此。

9. 吸烟:吸烟是冠心病的主要危险因素。吸烟者与不吸烟者比较,本病的发病率和死亡率增高 2~6 倍,且与每日吸烟的支数成正相关。

在以上因素中,血压过高、体重超标、胆固醇过高是导致冠心病的最危险因素。

三、诊断标准和分型

冠心病的临床分型包括无症状心肌缺血、心绞痛、心肌梗塞和缺血性心肌病、猝死五型。诊断标准为:

1. 有典型心绞痛发作和心肌梗塞,而无重度主动脉瓣狭窄、关闭不全、主动脉炎,也无冠状动脉栓塞或心肌病的证据。

2. 男性 40 岁、女性 45 岁以上的病人,休息时心电图有明显心肌缺血表现,或心电图运动试验阳性,无其他原因(各种心脏病、植物神经功能失调、显著贫血、阻塞性肺气肿、服用洋地黄、电解质紊乱)可查,并有下列三项中的两项者:高血压、高胆固醇血症、糖尿病。

可疑冠心病是指可疑心绞痛或严重心律失常,无其他原因可解释并有下列三项中两项者:40 岁以上、高胆固醇血症、休息时或运动后心电图可疑。

四、防治策略与措施

冠心病预防包括一级预防(对未发生冠心病疾病的危险人群而言)、二级预防(对冠心病早期的患者而言)和三级预防(预防冠心病的恶化及并发症的发生),预防措施无论对冠心病患者或冠心病高发危险人群都十分必要。

(一)一级预防:又称病因预防,主要是疾病尚未发生时针对致病因素(或危险因素)所采取的措施,也是预防疾病和消灭疾病的根本措施。冠心病的一级预防是指对没有冠心病的人群进行危险因素的干预,目的是防止动脉粥样硬化的发生和发展,其措施主要有:

1. 控制高血压。对高血压病人应饮食清淡,防止食盐过多,多吃蔬菜、豆类等含钾高的食物及含钙高的食物,避免饮酒和肥胖,并适当运动,保持精神愉快。

2. 降低血脂。较长时间地维持胆固醇于理想的水平,可达到预防冠心病的发病或不加重冠心病的目的。根据自己的胆固醇水平,在生活中采取正确的措施,使总胆固醇水平保持在 5.2mmol/L(200mg/dl)以下,对总胆固醇水平在 6.24mmol/L(240mg/dl)以上者应在医生指导下采取药物和非药物两种降脂措施。

3. 戒烟。

4. 增加体力活动。如能每日或至少隔日作 20~30min 的中等程度的活动(达极量的 50%~70%)就能有效地增强心功能。

5. 调节 A 型性格。A 型性格具有时间紧迫感、争强好胜、易激怒、缺乏耐心等特点。所以，A 型性格的人宜针对性地采用心理调整、气功、太极拳等方法加以调整。

(二) 二级预防：二级预防是以阻止或延缓疾病的发展而采取的措施，对已患疾病的病人强调早发现、早诊断和早治疗（三早），及时处理疾病和早期症状或症候，防止或减缓疾病的进展，降低疾病的致残率及复发率。冠心病二级预防是指对已经发生了冠心病的患者早发现、早诊断、早治疗，目的是改善症状、防止病情进展、改善预后，防止冠心病复发。冠心病二级预防的主要措施有两个，一个是寻找和控制危险因素；另一个是可靠持续的药物治疗。主要包括两个 ABCDE：

A：阿司匹林（Aspirin）和血管紧张素酶抑制剂（ACEI）。业已证明，阻止血小板聚集是防控冠心病的措施之一。小剂量的阿司匹林具有抑制血小板聚集的作用，可产生抗血栓效果。一般剂量为每天 75～150 毫克。据循证医学研究表明，阿司匹林具有对慢性稳定性心绞痛患者预防心肌梗死和死亡和对大于 50 岁高血压患者预防冠心病的作用。

"中国 2007 年专家共识"推荐血管紧张素酶抑制剂（ACEI）用于高血压、心力衰竭、冠心病的治疗和二级预防，具有心肾保护作用。常用的有：卡托普利、苯那普利（洛汀新）、培哚普利（雅施达）、依那普利（依苏）等。

B：预防心律失常、减轻心脏负荷（Beta-blocker）和控制血压（Blood Pressure control）。目前已证实，若无禁忌症的心梗后患者使用 β 阻滞剂，可明显降低心梗复发率、改善心功能和减少猝死的发生。控制高血压对防治冠心病的重要性是众所周知的，一般来讲，血压控制在 130/85 毫米汞柱以下，可减少冠心病的急性事件，且可减少高血压的并发症，如中风、肾功能损害和眼底病变等。

C：降低胆固醇（Cholesterol lowing）和戒烟（Cigarettes quiting）。胆固醇增高是引起冠心病的罪魁祸首，血清胆固醇增高应通过饮食控制和适当服用降脂药如他汀类药（如舒降之、来适可、普拉固等），把胆固醇降到 4.6mmol/L（180mg/dl）以下，这样可大大降低心梗的再发率。最近通过循证医学研究证实，心梗后患者即使血清胆固醇正常也要服降脂药，尤其是他汀类药，这样就能大大降低急性冠脉事件的发生率。

D：控制饮食（diet control）和治疗糖尿病（diabetes treatment）。冠心病从某种意义上来说是没有控制好饮食。每天进食过多富含胆固醇的食物如肥肉、动物内脏、蛋黄等，是促发冠心病的最大危险因素。因此，心梗后的患者提倡饮食清淡，多吃鱼和蔬菜，少吃肉和蛋。

糖尿病不仅可以引起血糖增高，也是引起脂质紊乱的重要原因。在同等条件下，糖尿病患者的冠心病患病率比血糖正常者要高出 2 倍。

E：教育（Education）和体育锻炼（Exercise）。冠心病患者应学会有关心绞痛、心肌梗死等急性冠脉事件的急救知识，如发生心绞痛或出现心梗症状时可含服硝酸甘油和口服阿司匹林等，这些简单方法可大大减轻病情和降低病死率。心梗后随着身体逐渐康复，可根据各自条件在医生指导下，适当参加体育锻炼及减肥。这样不仅可增强体质，也是减少冠心病再发心梗的重要举措。

（三）三级预防：三级预防是对疾病进入后期阶段为减少疾病的危害采取的措施，三级预防可以防止伤残和促进功能恢复，提高生存质量，延长寿命和降低死亡率。冠心病三级预防是预防或延缓冠心病慢性合并症的发生和发展，冠心病如果不注意三级预防很容易并发心肌梗塞和心力衰竭而危及生命。慢性心衰是从患心肌梗塞10年至15年后的一个常见归宿，因为慢性心衰预后差，花费巨大，已成为全球沉重的医疗负担。目前对慢性心衰有很多新的方法，慢性心衰的用药需逐步调整剂量，使病人长期能过上接近正常人的生活。

目前要高度重视冠心病的三个误区：一是忽略心肌梗塞的紧急信号——胸痛。因为心肌梗塞的发生常常在后半夜至凌晨，患者往往因不愿意叫亲属而等天亮，坐失良机。二是一向没病、没有胸痛的病人突发胸痛时，以为胃痛，耽误了病情。三是心肌梗塞发生在白天时，基层医疗单位顾虑转诊有危险未将其转到有条件的大医院，使宝贵的"时间窗"终于关闭。因此有胸痛要尽快呼叫急救系统，去有抢救条件的大医院，避免误诊误治。

第二节　高血压的防治

一、概述

高血压是由于心输出量和总外周阻力关系紊乱导致血流动力学异常，引起的以动脉收缩压和（或）舒张压持续增高为主要表现的临床综合征。高血压既是一种疾病，又可引起心、脑、肾并发症，是冠心病和脑卒中的主要危险因素。在大部分国家中约有20%的成年人受到影响，是值得关注的严重公共卫生问题。高血压可分为：①原发性高血压：病因不明，以血压升高为主要表现的一种独立疾病，占高血压中的95%以上；②继发性高血压：有明确而独立的病因，血压升高是某些疾病的一种临床表现，在高血压中不足5%。70%以上继发性高血压由肾脏疾病引起。

二、流行特点和危险因素

我国的高血压具有以下流行特点：①患病率呈上升趋势：1959、1979、1991年进行的3次全国15岁以上人群抽样调查全国高血压患病率分别为5.11%、7.73%和11.88%，1959年到1979年的20年间患病率上升了51%；1979到1991

年的12年患病率上升了54%。2002年中国居民营养与健康状况调查，对147472名18岁以上成年人的血压测量结果表明，高血压患病率为18.8%。高血压的知晓率、治疗率及控制率均很低，分别为30.2%，24.7%和6.1%。与1991年相比，15岁以上人群高血压患病率增长了31%。目前我国有高血压现患病人1.6亿。②患病率北方高于南方，城市高于农村，体力劳动者患病率低于脑力劳动者。自东北向西南递减，但近年农村高血压患病率快速上升，"城乡差别"明显减弱。③患病率男性高于女性，并随着年龄增加而升高，集中于老年人口。但近年来年轻人群的高血压患病率的增加趋势比老年人更明显，具有年轻化趋势。

原发性高血压是遗传因素与环境因素长期相互作用的结果，其中可改变的危险因素是高血压干预中可以有所作为的部分。不可改变的危险因素包括：年龄、性别、遗传因素。可改变的危险因素包括：

1. 膳食因素。目前公认的能够引起高血压的膳食因素有：高钠饮食，摄入能量过高引起身体肥胖以及过量饮酒。这些危险因素在我国2002年全国性的营养与健康调查中得到进一步证实。

调查结果表明，食盐摄入量越高，人群收缩压、舒张压水平也越高，与每日食盐摄入量<6g者相比，每日食盐摄入量≥12g者患高血压的风险增加14%。每日食盐摄入量≥18g者，患高血压的风险增高27%。中国人群膳食食盐摄入量高于西方国家，北方人群约为每天12~18g，南方人群约为每天7~8g，均超出世界卫生组织（WHO）建议的每天6g以下的标准。

研究结果还表明每日饮酒精量≥60g者比<20g者高血压患病率增加77%。

本次调查中膳食能量摄入越高，人群超重/肥胖的患病风险也越高。根据1990年以来我国13项大规模流行病学调查结果的汇总分析，体重指数达到或大于24的体重超重者，患高血压的危险是体重正常者的3~4倍。

2. 缺乏体力活动。久坐生活方式者与同龄对照者相比发生高血压的危险性增加20%~50%。规律和至少中等强度的需氧体育运动，对预防和治疗高血压有益处。

3. 长期精神紧张。国内外已有心理社会应激或内向（压抑）愤怒、造成血压升高或高血压患病率增加的人群研究报道。

三、诊断标准和分类

《中国高血压防治指南（2005年修订版）》将高血压的诊断界定为：在未用抗高血压药情况下，收缩压≥140mmHg和/或舒张压≥90mmHg为高血压，按血压水平将高血压分为1、2、3级。收缩压≥140mmHg和舒张压<90mmHg单列为单纯性收缩期高血压。患者既往有高血压史，目前正在用抗高血压药，血压虽然低于140/90mmHg，亦应该诊断为高血压。18岁以上成人的血压按不同水平进行分类

(见表 4-1)。

表 4-1　　　　　　　　　血压水平的定义和分类（mmHg）

类别	收缩压		舒张压
正常血压	<120	和	<80
正常高值	120~139	或	80~89
高血压	≥140	或	≥90
1级高血压（轻度）	140~159	或	90~99
2级高血压（中度）	160~179	或	100~109
3级高血压（重度）	≥180	或	≥110
单纯收缩期高血压	≥140	和	<90

若患者的收缩压与舒张压分属不同的级别，则以较高的分级为准。单纯收缩期高血压也可按照收缩压水平分为1、2、3级。

四、防治策略与措施

（一）防治策略

1. 预防为主，三级预防并重，针对不同人群采取有针对性的预防措施。一级预防针对一般人群；二级预防针对高危人群；三级预防针对病人。

2. 以健康促进为手段，综合防治为原则，将高血压的防治与其他慢病的防治相结合，实现慢病的三级预防。

（二）防治措施

1. 一级预防：针对一般人群采取预防措施，目的是减少危险因素的流行率，降低血压水平。减少高血压危险因素的措施包括戒烟、限盐、控制体重、适量饮酒、经常进行体力活动、多吃蔬菜和水果、减少脂肪摄入、保持心理健康等。

2. 二级预防：二级预防就是针对高危人群采取措施，早发现、早诊断、早治疗，以延缓疾病发展：

高危人群确定标准：具有以下1项及以上的危险因素，即可视为高危人群。

①收缩压介于120~139mmHg和/或舒张压介于80~89mmHg。

②超重或肥胖（BMI≥24）。

③高血压家族史（一、二级亲属）。

④长期过量饮酒（每日饮白酒≥100ml，且每周饮酒在4次以上）。

⑤长期膳食高盐。

二级预防措施主要包括定期的健康体检35周岁以上人群首诊测量血压等制度的建立；全人群普查，对筛选出的高危人群进行早期的治疗，包括一些积极的非药物治疗和宣传教育。

3. 三级预防：三级预防针对患者进行规范化治疗和随访，同时加强高血压患者的自我管理。其目的在于：树立患者对自己健康负责的信念，强调在高血压患者管理中，患者自我管理的作用；强调患者在高血压管理过程中的中心角色作用，实现医患双方共同设立优先问题，建立管理目标和治疗计划，获得最佳管理效果；通过培训、咨询、指导和健康教育等方式，促进患者高血压防治知识、技能和信念的提高；为患者提供自我管理技术支持和基本管理工具，提高患者生活质量，延长寿命。

高血压患者的日常管理，应针对其危险分层情况，实行分级管理。

五、高血压运动处方

（一）适应症

1. 轻、中度原发性高血压患者。
2. 血压得到控制的重度高血压患者。
3. 心、脑和肾等重要器官损害稳定后，则按发生损害的器官制定相应的运动处方，如合并冠心病、应按冠心病的运动处方进行。

（二）禁忌症

1. 静息血压未得到控制或血压超过 180/105mmHg。
2. 未控制的重度高血压、高血压危象或急进性高血压。
3. 高血压合并心力衰竭、不稳定心绞痛、高血压脑病、视网膜出血和严重的心律失常。
4. 继发性高血压病，如肾实质病变、主动脉狭窄、甲亢、嗜铬细胞瘤、脑肿瘤引起的高血压。

（三）运动处方

1. 运动类型

（1）有氧运动：应选择降低周围血管阻力的运动，如步行、慢跑、踏车、游泳等。老年患者可配合放松运动和中国传统运动如太极拳。

（2）肌力、抗阻运动：严格在专业人员指导下进行，可采用体操和不同强度的橡皮带、训练胸、腰、背、腹和四肢肌力。

（3）避免体位变动较大和无氧运动如爆发用力、突然用力。

2. 运动强度

（1）有氧运动：低、中强度，50%～60% $VO_2 max$（最大吸氧量）或 65%～75% 最大心率，RPE（自觉疲劳程度）9～13 级，感觉有点累或稍累。

（2）抗阻训练：以最大一次性收缩的 30%～50% 为其运动强度，选择低阻力、重复次数多的大肌肉群的抗阻运动。

(3) 运动时间和频率：有氧运动强度为 65%～75% 最大心率时，每天运动时间 20～30min，可以分几次完成，每周 3～5 天；运动强度低于上述强度时，每天 20～60min，同样可以分几次完成，每周 5～7 天。坚持运动训练，运动时间越长，产生的降压效果越好。对于老年人，运动减肥和降压应注重运动量的累积效果，而不是靠增加运动强度。肌力训练每天 1～2 个循环，每周 2～3 天。

（四）高血压患者运动注意事项

1. 年龄大于 40 岁伴有冠心病者。参加运动前应做运动试验，以制定适宜的运动强度。

2. 欲进行循环抗阻训练的轻度高血压患者，应进行肌肉等长收缩试验，以确定安全运动强度。

3. 降压药对运动的影响　大剂量的利尿剂可引起低血钾，运动中发生严重性心律失常；受体阻滞剂如倍他洛尔，影响运动时的心率，若用心率计算运动强度时应减去 5～10 次/分；对服用扩张血管药的患者，运动后应有充分整理活动。

4. 运动对降压药的影响　坚持运动训练达到降压并维持降压效果时，可以适当减少用药量，但不能随意停用降压药。

5. 运动监测　开始运动或增加运动强度时，应在运动前、后监测血压；合并冠心病时，应监测运动中血压和应用心电监护；非监测运动者应定期进行评估。

第三节　血脂异常的防治

血脂异常通常是指血中总胆固醇（TC）、低密度脂蛋白胆固醇（LDL-ch）、甘油三酯（TG）水平升高，或高密度脂蛋白胆固醇（HDL-ch）降低。既往采用高脂血症或高脂蛋白血症的概念，主要是指 TC、LD-ch、TG 水平升高。近年来，因血浆中 HDL-ch 降低也是一种血脂代谢紊乱，为全面准确地反映血脂代谢紊乱状态，统称为血脂异常。

一、概述

血脂异常在动脉粥样硬化的发生及发展中起着极为重要的作用，由此引发的心、脑血管事件如心肌梗死及脑卒中具有致残、致死率高的特点，但血脂异常本身通常无明显症状，往往通过化验或发生相应的心脑血管事件才得以发现，因而早期识别血脂异常，并积极进行干预对于防治动脉硬化、减少心脑血管事件、降低死亡率意义重大。

血脂异常从病因上分为两类，一类是由其他疾病引起的、有明确的起因，称之为继发性血脂异常，如糖尿病、甲状腺功能低下、痛风、肾病综合征等；或非生理状态（如酗酒、口服避孕药、利尿剂、糖皮质激素等）造成；另一类是原发性血脂异常，即未找到引起血脂异常的明确病因，往往是由于遗传因素或环境因素以及不良的生活方式所致。原发性血脂异常患者中，有些存在单一或多个遗传基因的缺陷，有明确的家族聚集性，临床上称为家族性高脂血症，这类患者往往在青少年期即出现高脂血症。

临床治疗和预防工作时，通常对血脂异常进行简易分型，即将血脂异常分为高胆固醇血症、高甘油三酯血症、混合型高脂血症和低高密度脂蛋白血症。

2007年全国血脂异常防治对策专题组制定了《中国成人血脂异常防治指南》，指南给出了我国人群和脂蛋白水平的合适水平，见表4-2。

表4-2　　　　　　　　　　血脂水平分层标准　　　　　　　　（单位：mmol/L）

分层	总胆固醇	低密度脂蛋白胆固醇	甘油三酯	高密度脂蛋白胆固醇
合适范围	<5.18mmol/L	<3.37	<1.70	≥1.04
边缘升高	5.18~6.19	3.37~4.12	1.70~2.25	
升高	≥6.22	≥4.14	≥2.26	
降低				≥1.04

根据以上分层标准和患者是否有其他危险因素，可将血脂异常的危险度分层如下表4-3。

表4-3　　　　　　　　　血脂异常的危险度分层

危险因素	总胆固醇或低密度脂蛋白胆固醇边缘升高	总胆固醇或低密度脂蛋白胆固醇升高
无高血压且其他危险因素数<3	低危	低危
高血压，或其他危险因素数≥3	低危	中危
高血压且其他危险因素数≥1	中危	高危
冠心病及其等危症	高危	高危

注：其他危险因素包括年龄（男性≥45岁，女性≥55岁）、吸烟、低高密度脂蛋白胆固醇、肥胖和早发缺血性心血管病家族史。

二、血脂异常的流行现状及危险因素

2002年卫生部在全国范围内开展的"中国居民营养与健康状况调查"是我国

最大范围的血脂流行病学调查,结果显示我国 18 岁及以上人群血脂异常总患病率为 18.6%,其中男性占 22.2%,女性占 15.9%。据此推算全国 ≥18 岁的血脂异常患者达 1.6 亿,城市人群为 21.0%,农村人群为 17.7%。血脂异常的流行病学特征主要表现为:(1)与西方人群以高总胆固醇血症为主相比,我国血脂异常类型以高甘油三酯、低高密度脂蛋白血症为主。(2)患病率男性高于女性,并随年龄增加而升高,调查显示 18~44 岁、45~59 岁和 ≥60 岁及以上人群血脂异常患病率分别为 17.0%、22.9% 和 23.4%,中老年患病率明显高于青年,但中年人(45~59 岁)与老年人(≥60 岁)患病率相近。(3)患病率仍然是城市高于农村,但差别呈逐渐减小趋势。

饱和脂肪的过度摄取,身体活动不足、超重与肥胖以及吸烟可引起总胆固醇、低密度脂蛋白胆固醇和甘油三酯升高,高密度脂蛋白胆固醇降低;相反,多不饱和脂肪和食物纤维的摄取,积极身体活动或运动、减轻体重可以使血脂异常得到改善。故危险因素主要包括:

1. 不平衡膳食:在我国经济迅速发展,食物供应不断丰富的 20 年中,肉类和油脂消费的增加导致膳食脂肪供能比快速上升,谷类食物消费明显下降,食盐摄入居高不下。

2. 身体活动不足:2000 年全国体质调研和 2002 年"中国居民营养与健康状况调查"结果均表明:我国居民每周参加 3 次以上体育锻炼的比例不足 1/3,其中 30~49 岁的中年人锻炼的比例最少。

3. 超重与肥胖。

4. 吸烟:2002 年我国吸烟率男性为 66%,女性为 3.08%,与 1996 年比,尽管吸烟率略有下降,但随着总人口的增加,吸烟人数仍然增加了 3000 万人,且青少年吸烟率上升,目前青少年吸烟人数高达 5000 万人。

三、血脂异常的检出

建议 20 岁以上的成年人至少每 5 年检测一次血脂,对于缺血性心脏病人及其高危人群,则应每 3~6 个月测定一次血脂。对于因缺血性心血管病住院治疗的患者应在入院时或 24h 以内检测血脂。

血脂检查的重点为:

1. 已有冠心病、脑血管病或周围动脉粥样硬化者。

2. 有高血压、糖尿病、肥胖、吸烟者。

3. 有冠心病或动脉粥样硬化家族史者,尤其是直系亲属中有早发冠心病或其他动脉粥样硬化者。

4. 有皮肤黄色瘤者。

5. 有家族性高脂血症者。

此外，建议40岁以上男性和绝经期后女性每年检查血脂。

四、血脂异常的预防

针对血脂异常的主要危险因素，预防主要包括膳食指导、减轻体重、增加体力活动及运动、戒烟。

1. 合理营养与膳食指导：血脂异常的膳食治疗首先应以满足人体生理需求，维持身体健康和保持体重为原则；在平衡膳食的基础上，力争达到中国营养学会推荐的营养素供给量标准，同时针对血脂异常的临床类型，全面考虑各种营养素对血脂作用的相互影响，制定相应的膳食谱，以达到调节血脂的目的。《我国成人血脂异常防治指南》提出的治疗性生活方式改变的建议主要是限制总热量和增加体力活动以达到热量平衡，减少使低密度脂蛋白胆固醇增加的营养素，减少饱和脂肪酸和胆固醇的摄入量，增加能降低低密度脂蛋白胆固醇的膳食成分，并注意增加植物固醇和可溶性纤维。其中饱和脂肪酸<总热量的7%，膳食胆固醇<0.2g/d，植物固醇2g/d，可溶性纤维10~25g/d。

有研究表明，血清总胆固醇约80%~90%来自体内肝脏的合成，而从摄入食物中吸收的仅占10%~20%，有些食物尽管胆固醇含量较低，但进入机体后，能增加体内胆固醇的合成，其中饱和脂肪（动物脂肪，黄油）促使体内合成胆固醇升高的主要原因。因此，选择食物时，不应只简单地考核膳食中胆固醇的含量，更应该关注生胆固醇指数（衡量食物摄入后引起血胆固醇的一项生理指标），选择生胆固醇指数低的食物更有助于控制血胆固醇水平。

2. 减轻体重指导：减轻体重的主要原则是减少能量摄入和积极参加体育运动。长期控制能量摄入和增加能量的消耗是肥胖症的基础治疗。通过严格限制能量摄入使膳食供能量低于机体实际消耗量，以造成机体能量的负平衡。对能量的控制要循序渐进，逐步降低。提倡家中购买体重计，养成经常测量体重的习惯。

3. 体力活动及运动指导：单纯血脂异常而无其他合并症者，应保持中等强度的运动量，即指每天通过运动能消耗837~1255kJ热能，如每天快走3~5km。对于合并其他慢性病，应自行掌握运动量，以锻炼时不感觉疲劳为原则。

4. 戒烟指导：大量的动物实验和流行病学及临床研究均表明，吸烟对血脂代谢的影响是负面的，可使血胆固醇、甘油三酯水平升高，HDL-ch水平下降。除此之外，吸烟对健康的危害是多方面的，因此，倡导不吸烟、戒烟以及减少被动吸烟。

必要时应采用药物治疗，包括他汀类、贝特类、烟酸类、树脂类、胆固醇吸收抑制剂和其他类等六大类。

血脂管理是长期、连续的过程，因此，一定时期后应进行效果评估，评估指标包括血脂控制情况、体重变化情况和生活习惯的改变情况等，通过与管理前的指标进行对比分析，修正管理计划和方案，继续下一步的健康管理、健康促进。

第四节 糖尿病的防治

一、概述

糖尿病是遗传因素和环境因素共同作用所致的全身性代谢性疾病，由于体内胰岛素分泌相对或绝对不足而引起的糖、脂肪、蛋白质以及水和电解质的代谢紊乱，主要特点是高血糖及尿糖。糖尿病所造成的高葡萄糖血症可危及体内诸多系统，特别对血管系统和神经系统影响最大，易并发心脏、血管、肾脏、视网膜及神经等慢性疾病。

二、流行特点和危险因素

近20年来，随着社会经济的发展，人口老龄化、肥胖、生活方式等危险因素的迅速增加，使糖尿病患病率无论在发达国家还是发展中国家都明显增长，发达国家糖尿病的患病率已高达5%~10%。我国糖尿病具有以下流行特点，第一，糖尿病发病率呈上升趋势。2002年中国居民营养与健康状况调查显示，我国18岁以上人群糖尿病患病率为2.60%，糖尿病患病人数约为2300万。同时，我国18岁以上居民空腹血糖受损率也高达1.90%。我国已成为仅次于印度的世界第二大糖尿病大国。预测到2025年中国糖尿病人数将达5000万。第二，城市地区的糖尿病患病率比农村地区高，大城市居民糖尿病患病率为4.5%，农村为1.8%，但增长幅度农村大于城市。第三，随着年龄增加患病率升高。40岁以下患病率较低，40岁以后急剧上升，但近年有发病年轻化的趋势。第四，体力活动不足人群的患病率大于体力劳动者。

2型糖尿病的危险因素主要包括：

1. 遗传因素。不同国家和民族之间2型糖尿病患病率不同，如美国为6%~8%，而太平洋岛国瑙鲁高达40%；同一国家内不同民族间的患病率也不一样，如美国白人为6%~8%，美国土著Pima Indian人高达50%；2型糖尿病有家族聚集性，糖尿病亲属中的患病率比非糖尿病亲属高4~8倍。

2. 超重和肥胖是2型糖尿病重要的危险因素。世界各地的资料表明，不论地理、环境、经济发展程度及种族如何，2型糖尿病发病率均与超重和肥胖有明确相关性。

3. 体力活动不足。体力活动不足增加糖尿病发病的危险，活动最少的人与最爱活动的人相比，2型糖尿病的患病率相差2~6倍。有规律的体育锻炼能增加胰岛素的敏感性和改善糖耐量。

4. 膳食不平衡。糖尿病患病率升高与生活方式，特别是饮食结构改变有明显关系。我国1996年比1980年糖尿病患病率增加了约5倍，在此期间的1978—1987年，我国人均粮食消费只增加了30%，而人均肉类、蛋、含糖饮料的消费增长了200%。目前认为，摄取高热量、高脂肪、高蛋白、高碳水化合物和缺乏纤维素的膳食容易发生2型糖尿病。

三、临床分型和诊断标准

1999年世界卫生组织公布了新的分型标准，将糖尿病分为4种类型，分别是：①1型糖尿病：约占全部糖尿病人总数的5%，多发生在儿童和青少年。病人的胰脏不能正常分泌胰岛素；②2型糖尿病：由于人体对胰岛素的作用不能给予正常的反应而发病，占糖尿病病人总数的90%左右，多见于成人；③妊娠糖尿病：指妊娠妇女原来未发现糖尿病，在妊娠期（通常在妊娠中期或后期）才发现的糖尿病；④其他特殊类型糖尿病：指除以上三种类型外的糖尿病，比较少见。

此外，按照糖尿病的自然史，新的分型标准分出了空腹血糖受损（IFG）和糖耐量损伤（IGT），二者是介于血糖正常和糖尿病之间的过渡状态。

1999年WHO新的诊断标准，将符合下述标准之一，在次日复诊仍符合三条标准之一者，诊断为糖尿病：

1. 有糖尿病症状，并且任意时间血浆葡萄糖水平≥11.1mmol/L（200mg/dl）。典型的糖尿病症状包括多尿、烦渴和无其他诱因的体重下降。

2. 空腹血浆葡萄糖（FPG）水平≥7.0mmol/L（126mg/dl），空腹状态定义为至少8小时内无热量摄入。

3. 口服葡萄糖耐量试验（OGTT）中，2小时血糖（PG）水平≥11.1mmol/L（200mg/dl）。

IGT的诊断标准为：OGTT时2小时血糖≥7.8mmol/L（140mg/dl），但<11.1mmol/L（200mg/dl）；IFG诊断标准为空腹血糖≥5.6mmol/L（100mg/dl），但<7.0mmol/L（126mg/dl）。

四、防治策略与措施

糖尿病是一种终身性疾病，但又是一种可以预防和控制的疾病。糖尿病的防治在重视一级预防的同时，要重视二、三级预防。

（一）一级预防

糖尿病的一级预防针对一般人群，以降低危险因素的流行率。主要措施包括：

1. 健康教育：开展对公众，包括糖尿病患者及其家属的健康教育，提高全社会的糖尿病防治的知识和技能水平，以改变不良的生活方式，从而减少糖尿病发病率。

2. 适当的体育锻炼和体力活动：经常性体力活动可以减轻体重，增强心血管系统的功能，预防糖尿病及其并发症。

3. 提倡合理的膳食：如避免能量的过多摄入、增加膳食纤维摄入、改善脂蛋白构成、减少饱和脂肪酸的摄入。

4. 戒烟、限酒。

（二）二级预防

目的是早发现、早诊断、早治疗，以减少并发症和残疾。主要措施是在高危人群中进行糖尿病筛查。

糖尿病的筛检不仅要查出糖尿病患者，而且要查糖耐量减低（IGT）和空腹血糖异常（IFG）者，IGT 和 IFG 的转归具有双向性，既可进展为糖尿病，又可转为血糖正常。因此，在此阶段采取干预措施，有可能取得很好的预防效果。

1. 筛检对象：糖尿病的筛检对象是高危人群。高危人群定义为符合下列任一项条件者：

（1）曾有轻度血糖升高（IFG 和 IGT）者。

（2）有糖尿病家族史者（双亲或同胞患糖尿病）。

（3）肥胖和超重者（体重指数 BMI≥24kg/m²）。

（4）妊娠糖尿病患者或曾经分娩巨大儿（出生体重≥4kg）的妇女。

（5）高血压患者（血压≥140/90mmHg）和/或心脑血管病变者。

（6）有高密度脂蛋白胆固醇降低（≤35mg/dl，即 0.91mmol/L）和/或高甘油三酯血症（≥250mg/dl，即 2.75mmol/L）者。

（7）年龄 45 岁以上，且常年不参加体力活动者。

2. 筛检方法：

（1）推荐应用口服糖耐量试验（OGTT）。

（2）进行 OGTT 有困难的情况下可仅监测空腹血糖，但仅测空腹血糖有漏诊的可能性。

（3）毛细血管血糖（如指尖血检测）只能作为筛检糖尿病预检手段。

3. 筛检周期：建议对高危人群每年检测 1 次空腹血糖和/或进行口服葡萄糖耐量试验（OGTT）；45 岁以上血糖检测正常者 3 年后再复查。

（三）三级预防

对糖尿病患者进行规范化的治疗和管理，以控制病情、预防和延缓糖尿病并发症的发生、发展，防止伤残和死亡，提高患者的生活质量。三级预防强调对患者的定期随访。

随访的目的在于：

1. 监测血糖和血脂、血压等代谢控制情况。

2. 评估治疗反应，及时调整治疗方案，使血糖等达到控制目标。血糖控制的指标主要有 2 个，血糖和糖化血红蛋白。血糖值受饮食、运动及应急等影响而较大幅度地变化，一般以安静空腹时的检查值为标准，正常值为 6.1mmol/L 以下，餐后高血糖也与糖尿病合并症的进展有关，因此餐后 2h 的血糖也是血糖管理的目标，正常值为 7.8mmol/L 以下；另一方面要关注低血糖的管理，一般当血糖低于 3.3mmol/L 时，会出现饥饿感、头痛头晕、恶心、出汗等症状，这在节食减肥者、服用降糖药物和注射胰岛素的患者中尤为常见。所以高血糖和低血糖的管理都很重要。

糖化血红蛋白（HBAlc）是指与葡萄糖结合而糖化的血红蛋白占总血红蛋白的百分比。血糖值升高时 HBAlc 就会增多，而且一旦发生糖化就不会逆转，直到红细胞（寿命 120d）崩溃为止，因此 HBAlc 反映的是过去 1~2 个月血糖的平均水平，正常范围为 4.3%~5.8%，6.5% 以上基本可以诊断为糖尿病。

由于血糖值很不稳定，受诸多因素影响，需要频繁的测定，其上下波动常常引起患者情绪的波动和焦虑；而 HBAlc 反映的是过去 1~2 个月血糖的平均水平，测量 1 次可代表过去近 2 个月的血糖控制情况，所以，我们应取长补短，利用 HBAlc 的稳定性和血糖值在诊断上的权威性，在已确诊的糖尿病患者的健康管理中，使用 HBAlc 作为血糖控制好坏的指标，测定次数少，患者的焦虑也轻，是非常方便而有效的方法。

3. 对患者的饮食、运动等行为变化进行指导，督促患者采取综合治疗措施。

4. 对易出现并发症的眼、心脏、肾脏、足等器官进行定期检查，及时发现糖尿病并发症。以采取针对措施，阻止或延缓并发症的发生和发展，提高患者生活质量，延长寿命。要求对所有已确诊的糖尿病患者，都应进行有效管理和定期随访。

五、糖尿病患者的饮食、运动安排

（一）合理控制总能量，控制总能量是糖尿病预防和膳食治疗的首要原则：体重超重或肥胖者，靶细胞上胰岛素受体数量减少，胰岛素不能发挥正常的生理作用，血糖水平就可能升高。因此，肥胖者易患糖尿病。肥胖者对胰岛素不敏感，如不减轻体重，单靠药物治疗，达不到满意的疗效。糖尿病人能量的供给量以维持理想体重，或略低于理想体重为宜。大量研究表明，体重指数的理想值是 22。合理总能量摄入的参考标准是：

总能量摄入 = 理想体重 × 生活强度，理想体重 = 22 × 身高（m）

如某人身高 1.65m，其理想体重 = $22 \times 1.65^2 = 60$kg；身高 1.75m 的人，理想体重为 $22 \times 1.75^2 = 67$kg。此外，还应考虑该个体现在的实际体重（肥胖、消瘦或正常体重）等计算每日能量供给（表 4-4）。向心性肥胖的能量供给参照超重或肥胖。

表4-4　成人生活强度与每日理想供给量参考标准（kJ/kg 理想体重）

生活（劳动活动）强度	消瘦	正常体重	超重或肥胖
休息状态（如卧床）	104.6～125.5	83.7～104.6	62.8～83.7
轻体力活动（如司机及脑力劳动者）	125.5～146.4	104.6～125.5	83.7～104.6
中体力活动（如电工、木工）	146.4～167.4	125.5～146.4	104.6～125.5
重体力活动（如搬运工、建筑工）	188.3～209.2	146.4～167.4	125.5～146.4

如对于一个身高1.75m，体重70kg的脑力劳动者，其理想体重为67kg，实际体重在正常范围，能量供给为 104.6～125.5kJ/kg，合理总能量摄入 = 67×（104.6～125.5）= 7112.8～8368.0KJ。

为了日常生活中简单而有效地控制总能量摄入，提倡小碗盛饭盛菜，并使之形成习惯，国外不少社区干预证明，此方法简单而有效。此外，中华民族有不剩饭的传统，但在当今食品丰富、营养过剩的时代，为预防肥胖和糖尿病，养成每餐七八成饱的健康饮食习惯。

（二）合理分配碳水化合物、脂肪和蛋白质的比例，做到平衡膳食：合理控制总能量的基础上，合理分配碳水化合物、脂肪和蛋白质的比例。碳水化合物应占总能量的60%左右；要限制脂肪（包括植物油）的摄入量，使其占总热能的25%以下；蛋白质的摄入量应占总热能的约15%。

在碳水化合物的摄取上，一直有一种错误的认识，即糖尿病患者和高危人群，认为摄入主食后会升高血糖，而想减少主食。但脑、心脏和肌肉等重要器官都主要依赖葡萄糖供能，因此碳水化合物的摄取对维持神经系统和心脏的正常功能、增强耐力、提高工作效率有重要意义。此外，碳水化合物的摄取能刺激胰岛素的分泌，改善胰岛素抵抗，促进能量代谢平衡，长远看有利于控制血糖。

反之，如果碳水化合物吃得太少，势必增加膳食中脂肪供给的能量，有可能促进心血管疾病的发生，脂肪代谢也需要碳水化合物的协助，否则，脂肪氧化不完全，脂肪代谢的中间产物酮体就会在体内积聚，发生酮症酸中毒。

糖尿病人应尽可能选择食物血糖生成指数低的食物，食物血糖生成指数（GI）是指含50g碳水化合物的食物与相当量的葡萄糖在一定时间（一般指2h）体内血糖反应水平的百分比值，反映食物升高血糖的速度和能力。通常把葡萄糖的血糖生成指数定位为100，GI越高，对餐后血糖影响越大，GI越低，对餐后血糖影响越小。如糖尿病人应选择粗加工的大米和全麦面粉、荞麦面、豆制品、大麦粉、燕麦等。

但糖尿病人在饮食中并没有绝对不能吃的食物，只是有些食物热量、糖分、脂肪含量过高，需要限制食用量，不宜多吃。如果吃了，每日其他食物的摄入量要相应减少,以控制好每天的热量摄入。限制食用的食物包括:白糖、红糖、麦芽糖等各种糖类,糖果、糕点、蜜制品等糖类加工食品,粉丝、土豆等含糖量高的食物,核桃、瓜子、腰果等含植物油脂较高的食物,猪油、鸡皮、鸭皮等动物油脂较高的食物等。

(三)糖尿病人膳食中应有一定量的膳食纤维:膳食纤维分为可溶性与非溶性两类,可溶性膳食纤维可以延缓餐后血糖上升的幅度,并有降低胆固醇的作用。可溶性膳食纤维主要存在于蔬菜和水果以及某些藻类植物中。非溶性膳食纤维能促进肠道蠕动,加快食糜通过的时间,减少肠癌的发生,主要存在于豆类和谷类的外皮及植物的茎叶部。膳食纤维还可以增加饱腹感,减少食物摄取量,便于控制体重。糖尿病人每日膳食纤维摄入量以 20~30g 左右为宜,食入过多会引起胃肠道反应。

(四)体力活动:体力活动及运动可消耗血糖、减少体内脂肪蓄积,增加全身肌肉组织(尤其是骨骼肌)和肝脏对胰岛素敏感性,改善机体的总的代谢功能,不仅是预防糖尿病的有效措施,且对控制血糖、血脂、血压及体重均有诸多益处。

对于糖尿病的高危人群和患者,不提倡剧烈的运动,因其可引起血糖的升高,运动风险的增加,如诱发冠心病或脑卒死等。但太缓慢的体力活动,如 3km/h 以下的散步,又达不到燃烧脂肪、改善机体代谢功能的目的,因此,科学的运动指导原则是:以每日 30~40min 散步为基础,加上每周 3 次以上的快走、慢跑等有氧运动;有条件的话,每周 3~4 次游泳或在水中走也效果很好,每次约 30min,运动的强度以脉搏数控制在 100~120 次/min 为宜。

第五节 肥胖的防治

一、概述

肥胖是指体脂肪占体重的百分比过高,并在某些局部过多沉积。肥胖不单纯是一种现象,而且是一种疾病。肥胖症又分为单纯性肥胖和继发性肥胖。单纯性肥胖指无内分泌疾病以及其他特殊病因的肥胖症,占肥胖症总人数的 95% 以上。继发性肥胖指继发于神经-内分泌-代谢紊乱基础上的肥胖症。肥胖的发生既有遗传因素,也有环境因素,而后者的作用是主要的。

肥胖症的一般特点为患者体内脂肪细胞的体积和细胞数增加,体脂占体重的百分比(体脂%)异常高,并在某些局部过多沉积脂肪。如果脂肪主要在腹壁和腹腔内蓄积过多,被称为"中心型"或"向心性"肥胖,对代谢影响很大,是 2 型糖尿病、心血管病、高血压、中风和多种癌症的危险因素,被 WHO 列为导致疾病负担的 10 大危险因素之一。表 4-5 是肥胖者发生肥胖相关疾病或症状的相对危险度。

表 4-5　　　　　　　肥胖者发生肥胖相关疾病或症状的相对危险度

危险性显著增高 （相对危险度大于 3）	危险性中等增高 相对危险度 2-3	危险性稍增高 相对危险度 1-2
2 型糖尿病	冠心病	女性绝经后乳腺癌、子宫内膜癌
胆囊疾病	高血压	男性前列腺癌、结肠直肠癌
血脂异常	骨关节病	生殖激素异常
胰岛素抵抗	高尿酸血症和痛风	多囊卵巢综合症
气喘	脂肪肝	生育功能受损
睡眠呼吸暂停		背下部疼痛
麻醉并发症		

二、流行特点和危险因素

近几十年来，经济发展和生活方式现代化、膳食结构改变和体力活动减少，使超重和肥胖症的患病率，无论在发达国家或发展中国家的成年人或儿童中，都在以惊人的速度增长，经济发达国家和经济迅速增长的国家更为突出。在过去 10 年间，大多数欧洲国家肥胖症患病率增长 10%～40%。2002 年中国居民营养与健康状况调查结果显示，我国居民超重率为 17.6%，肥胖率为 5.6%，两者之和为 23.2%，已接近总人口的 1/4。我国人群超重和肥胖症患病率的总体规律是北方高于南方；大城市高于中小城市；中小城市高于农村；经济发达地区高于不发达地区。很显然，肥胖与经济发展密切相关。

超重和肥胖症是能量的摄入超过能量消耗以致体内脂肪过多蓄积的结果。科学研究发现，不同个体对能量摄入、食物的生热作用和体重调节反应不同，并受遗传特点和生活方式的影响。即使存在遗传因素影响，肥胖的发生发展也是环境因素及生活方式等多种因素间相互作用的结果。遗传因素对肥胖形成的作用占 20%～40%。超重和肥胖的危险因素在行为方面主要包括：

1. 进食过量。高蛋白质、高脂肪食物的过量摄入，使能量的总摄入往往超过能量消耗。此外，进食行为不良，如经常性的暴饮暴食、夜间加餐、喜欢零食，是许多人发生肥胖的重要原因。

2. 体力活动过少。随着现代交通工具的日渐完善，职业性体力劳动和家务劳动量减轻，人们处于静态生活的时间增加。大多数肥胖者相对不爱活动，成为发生肥胖的主要原因之一。

3. 肥胖程度的评价和分类。在临床诊疗和流行病学调查中，评价肥胖程度最实用的人体测量学指标是体重指数（BMI）和腰围（WC）。

（1）体重指数（BMI）：BMI和身体总脂肪密切相关，涉及身高和体重。BMI不能说明脂肪分布，但研究表明，大多数个体的BMI与身体脂肪的百分含量有明显的相关性，能较好地反映机体的肥胖程度。BMI的具体计算方法是以体重（公斤，kg）除以身高（米，m）的平方，即BMI=体重/身高^2（kg/m^2）。在判断肥胖程度时，使用这个指标的目的在于消除不同身高对体重指数的影响，以便于人群或个体间比较。

肥胖程度的分类以体重指数为指标。

①世界卫生组织（WHO）肥胖程度分类标准是体重指数在25.0～29.9为超重，大于等于30为肥胖。

②针对亚太地区人群体质及其与肥胖有关疾病的特点，WHO西太区提出亚洲成年人肥胖分类标准为BMI在23.0～24.9为超重，≥25为肥胖，并建议各国应收集本国居民肥胖的流行病学以及疾病危险数据，以确定本国人群的体重指数的分类标准。

③我国卫生部发布的《中国成人超重和肥胖症预防控制指南（试用）》中规定的分类标准是BMI<18.5为体重过低，18.5～23.9为体重正常，24～27.9为超重，≥28为肥胖。

（2）腰围（WC）：是指腰部周径的长度。目前公认腰围是衡量脂肪在腹部蓄积（即中心性肥胖）程度的最简单、实用的指标。脂肪在身体内的分布，尤其是腹部脂肪堆积的程度与肥胖相关性疾病有更强的关联。腹部脂肪增加（腰围大于界值）的中心型肥胖，是心脏病和脑卒中的独立的重要危险因素。同时使用腰围和体重指数可以更好地估计与多种相关慢性疾病的关系。

《中国成人超重和肥胖症预防与控制指南（试用）》指出，中国成年人男性腰围≥85cm，女性≥80cm时，则患高血压、糖尿病、血脂异常的危险性就增加。

三、防治原则和措施

肥胖症必须防治，它不仅损害身心健康，降低生活质量，而且与发生慢性病息息相关。对超重和肥胖症的普遍性干预是比较经济而有效的措施。

（一）防治原则

1. 必须坚持预防为主，从儿童、青少年开始，从预防超重入手，并须终生坚持。

2. 采取综合措施预防和控制肥胖症，积极改变人们的生活方式。包括改变膳食、增加体力活动、矫正引起过度进食或活动不足的行为和习惯。

3. 鼓励摄入低能量、低脂肪、适量蛋白质和碳水化合物，富含微量元素和维生素的膳食。

4. 控制膳食与增加运动相结合以克服因单纯减少膳食能量所产生的不利作用。二者相结合可使基础代谢率不致因摄入能量过低而下降，达到更好的减重效果。积极运动可防止体重反弹，还可改善心肺功能，产生更多、更全面的健康效益。

5. 应长期坚持减体重计划，速度不宜过快，不可急于求成。

6. 必须同时防治与肥胖相关的疾病，将防治肥胖作为防治相关慢性病的重要环节。

7. 树立健康体重的概念，防止为美容而减肥的误区。

（二）防治措施

肥胖是危害人类健康的一个重要公共卫生问题。要从公共卫生的角度考虑，针对不同的目标人群采取不同的预防和控制措施，即三级预防措施。

1. 一级预防：即针对一般人群的群体预防，把监测和控制超重与预防肥胖发展以降低肥胖症患病率作为预防慢性病的重要措施之一，进行定期监测抽样人群的体重变化，了解其变化趋势，积极做好宣传教育。使人们更加注意膳食平衡，防止能量摄入超过能量消耗。膳食中蛋白质、脂肪和碳水化合物摄入的比例合理，特别要减少脂肪摄入量，增加蔬菜和水果在食物中的比例。在工作和休闲时间，有意识地多进行中、低强度的体力活动。广为传播健康的生活方式，戒烟、限酒和限盐。经常注意自己的体重，预防体重增长过多、过快。成年后的体重增长最好控制在 5kg 以内，超过 10kg 则相关疾病危险将增加。要提醒有肥胖倾向的个体（特别是腰围超标者），定期检查与肥胖有关疾病危险的指标，尽早发现高血压、血脂异常、冠心病和糖尿病等隐患，并及时治疗。

2. 二级预防：即针对高危人群的选择性干预，对有肥胖症高危险因素的个体和人群，应重点预防其肥胖程度进一步加重。高危险因素包括：存在肥胖家族史、有肥胖相关性疾病、膳食不平衡、体力活动少等。对高危个体和人群的预防控制超重肥胖的目标，是增加该群体的知识和技能，以减少或消除发生并发症的危险因素。其措施包括：改变高危人群的知识、观念、态度和行为；可以通过对学校、社团、工作场所人群的筛查发现高危个体。要强调对高危个体监测体重和对肥胖症患者进行管理的重要性和必要性。

3. 三级预防：即对肥胖症和伴有并发症的患者的针对性干预，主要预防其体重进一步增长，最好使其体重有所降低，并对已出现并发症的患者进行疾病管理，如自我监测体重，制定减轻体重目标，以及指导相应的药物治疗方法；通过健康教育提高患者对肥胖可能进一步加重疾病危险性的认识，提高患者减肥的信心；在医疗单位的配合下，监测有关的危险因素；引导重点对象做好膳食、体力活动及体重变化等自我监测记录和减重计划的综合干预方法，并定期随访。

四、肥胖症的饮食防治

1. 预防着手控制超重和肥胖。超重和肥胖的形成是长期能量蓄积的,要想控制体重超重和肥胖的快速增长,若能从预防着手,长期保持能量的平衡,防患于未然,就要容易得多。翟凤英等进行了控制中国居民体重超重和肥胖的量化研究,他们对2200余名中国成年居民在1989—2000年期间的体重变化进行了追踪观察。该人群11年中平均体重增长3.7kg,经11年积累,该人群超重率提高了1.58倍。根据体重变化推算每人每日多余的能量摄入为188.3kJ(45kcal),若能每日少摄入5g植物油或13g大米,或者每日增加步行10min就可以达到控制90%居民体重不增长的目的。

2. 已经超重和肥胖的患者的治疗。对已经超重和肥胖的患者应如何治疗,则有各种各样、五花八门的减肥膳食。其中低碳水化合物高脂肪膳食,低碳水化合物高蛋白质膳食在欧美国家风行一时,这种膳食确实有减肥效果,而且还可以一边吃肉,一边减肥,所以深受人们的追捧。其理论根据是碳水化合物能刺激胰岛素分泌,加速脂肪合成;脂肪及蛋白质比碳水化合物有更强的饱腹感;高蛋白质饮食能保存肌肉组织,使减轻的体重主要来自体脂肪等。但许多专家对此提出质疑,碳水化合物摄入太低会使大脑葡萄糖供应不足,有可能损伤大脑功能;并使脂肪的中间代谢产物酮体不能进一步氧化,而导致酮症酸中毒;过多摄入蛋白质,不仅增加肾脏负担,还可因促进尿钙排出造成骨钙流失。

3. 从长远和全面的健康效益考虑,还应采用总能量控制的平衡膳食。蛋白质、脂肪和碳水化合物的供能比例可分别达到15%~20%,25%左右和55%~60%。膳食中要有一定量的膳食纤维,并保证维生素和矿物质的供应。控制膳食还要与加强体力活动并重。合理膳食和身体活动是控制慢性非传染性疾病的重要措施,也是健康生活方式最主要的内容。

第六节 肿瘤的防治

一、概述

癌症是以细胞异常增殖及转移为特点的一大类疾病,其发病与有害环境因素、不良生活方式及遗传易感性密切相关。随着人口老龄化、环境污染和生活行为方式改变,我国肿瘤的发病和死亡呈上升趋势。肿瘤死亡约占全部死因的第3位,在城市中占第2位。根据全国疾病监测点资料,我国城市前5位癌症死亡率依次为:支气管肺癌、肝癌、胃癌、食管癌和结肠癌。农村依次为肝癌、胃癌、支气管肺癌、食管癌和结肠癌。2003年末卫生部颁发了《中国癌症预防与控制规划纲要

(2004—2010)》，2005年第58届世界卫生大会通过了关于癌症预防与控制的决议，决议和规划纲要明确提出在癌症防治中应立即采取行动，加强预防，降低肿瘤发病的危险因素；加强对患者的早期发现和及时治疗是挽救患者生命；对晚期患者治疗可减轻痛苦，提高生活质量。

二、流行特点

2000年全球新发癌症病例约1000万，死亡620万，现患病例2200万。我国恶性肿瘤主要的流行特点是：

1. 时间分布。20世纪70年代以来，我国癌症发病率及死亡率一直呈上升趋势，在70年代至90年代的20年间，癌症死亡率上升29.42%。2000年癌症发病人数180万~200万，死亡140万~150万。在我国当前肝癌、胃癌及食管癌等死亡率居高不下的同时，肺癌、结直肠癌及乳腺癌等又呈显著上升趋势，但宫颈癌、食管癌等患病率有所下降。

2. 死亡率地区分布。在我国，有些类型的肿瘤有明显的地区分布特征，如肺癌，城市明显高于农村；上消化道癌，农村高于城市；食管癌在太行山区发病明显高于其他地区。

3. 人群分布。肿瘤发病率一般随年龄增大而增高。持续升高的肿瘤有胃癌、食管癌，这与致癌因素在人生过程中的持续存在有关。鼻咽癌死亡率在20岁开始迅速上升，50岁以后持续在较稳定状态。肺癌是先上升后下降型，发病上升至一定年龄后下降，有的资料显示在75岁后有所下降。乳腺癌呈双峰型，其两个高峰在青春期和更年期。白血病、恶性淋巴瘤在儿童期较高；婚育、哺乳妇女乳癌发生率少于无哺乳者；宫颈癌与多育相关；石棉、放射性物质等职业人群肺癌发病较高等。

三、危险因素

虽然肿瘤病种较多，危险因素复杂，但是1/3以上、甚至约一半的癌症是可以预防的。我国癌症发生的主要危险因素归结为：

1. 吸烟。吸烟与80%以上的肺癌和30%的总癌死亡有关（包括口腔癌、喉癌、食管癌及胃癌等）。在过去的30年间，肺癌的死亡率由7.17/10万增至约30/10万。

2. 不健康饮食和体力活动少。不健康饮食和体力活动少是仅次于吸烟的危险因素。人类癌症中有1/3与此有关，如超重和肥胖与结直肠癌、乳腺癌、子宫内膜癌及肾癌等有关。近20年来，随着经济发展和人民生活的改善，我国居民的膳食结构及生活方式发生了明显的西方化趋势，城市和富裕农村中，超重和肥胖已成为重要的公共卫生问题，同时也是结直肠癌和乳腺癌上升的重要原因。同时，营养素缺乏也与某些癌症的高发密切相关，如硒的缺乏与食管癌的高发有关。

3. 生物感染因素。肿瘤的发生与某些生物因素的暴露有关。研究报道，我国约 1/3 的癌症发生与感染因素有关，EB 病毒感染与鼻咽癌；乙肝病毒（HBV）感染与肝癌有关；幽门螺杆菌（Hp）感染与胃癌；人乳头瘤病毒（HPV）感染与子宫内膜癌；日本血吸虫感染与直肠癌。我国乙肝病毒的感染率达 60%，乙肝病毒的携带率大于 10%，这是造成慢性肝炎、肝硬化及肝癌的主要原因。

4. 遗传因素。肿瘤与遗传有密切关系，遗传性肿瘤占全部人类癌症的 1%~3%。遗传因素在儿童及青壮年癌症病人身上的作用显而易见，通常患癌症的危险性随年龄而增长，但在儿童患者中却并非如此，后者通常是接受了前辈的突变基因而致病。另外对欧美妇女乳腺癌的研究也表明有 10%~30% 的病例表现出遗传倾向。遗传流行病学研究结果表明肿瘤遗传易患性的生物机制可能与抑癌基因、有 DNA 损失修复作用的基因和影响致癌剂代谢的基因缺陷有关。

5. 职业危害。随着经济的发展，我国职业危害及由此所致癌症呈严重态势。石棉可致肺癌，苯胺燃料可致膀胱癌，苯可致白血病等已为国内外公认。

6. 环境污染。通过流行病学调查，已证实对人有致癌作用的化学物质有 30 余种。

7. 精神因素。特殊的生活史引起的感情和精神状态与癌症的发生可能有关。如离婚、丧偶、分居等负性生活事件；过度紧张；人际关系不协调；心灵创伤等引起的长期持续紧张、绝望等都是导致癌症的重要精神心理因素。个体的性格特征如忧郁、内向、易怒、孤僻等也与癌症的发生有一定的关联。

8. 其他。个体的年龄、性别、免疫和内分泌功能在癌症的发生中都有一定的意义。随着年龄增长，免疫功能降低，致癌因素作用时间的积累，恶性肿瘤的发病率也随之增高。内分泌异常与女性乳腺癌关系密切，乳腺癌患者在阻断卵巢功能后病情可缓解。

四、预防控制策略和措施

（一）一级预防

即病因预防。要加强对恶性肿瘤的流行病学研究，探索、鉴别恶性肿瘤的危险因素和病因，努力消除和防止其作用。在全人群开展有关防癌的健康教育提高机体的防癌能力，防患于未然。常用的一级预防方法包括：

1. 鉴定环境中的致癌和促癌剂：尤其应加强对已明确的致癌剂的检测、控制和消除，制定其环境浓度标准，保护和改善环境，防止环境污染。对于职业致癌因素，应尽力去除或取代，在不能去除这些因素时，应限定工作环境中这些化合物的浓度，提供良好的保护措施，尽力防止工人接触。对经常接触致癌因素的职工，要定期体检，及时诊治。

2. 控制感染：如接种乙肝疫苗对预防肝癌有积极作用；全面控制 HPV 感染可大幅度减低宫颈癌的发病率。

3. 改变不良生活方式：在全人群劝阻吸烟以预防肺癌；提倡性卫生以预防宫颈癌；去除紧张、情绪沮丧等精神心理因素的不良作用，注意口腔卫生以防止口腔癌、舌癌等；加强锻炼，增强机体抗癌能力。

4. 合理营养膳食：日本、美国以及西欧一些国家胃癌死亡率下降，多数人认为与饮食改善、营养摄入量增加及适当的食物保存方法有关。要注意饮食、营养平衡，减少脂肪、胆固醇摄入量，多吃富含维生素 A、C、E 和纤维素的食物，不吃霉变、烧焦、过咸或过热的食物。

（二）二级预防

即早期发现、早期诊断和早期治疗，防患于开端。癌症的早期发现、早期诊断和早期治疗是降低死亡率及提高生存率的主要策略之一，癌症治疗 5 年生存率的改善主要归功于早诊早治。全人群均应注意的肿瘤十大症状是：身体任何部位出现的肿块，尤其是逐渐增大的肿块；身体任何部位的非外伤性溃疡，特别是经久不愈的；不正常的出血或分泌物，如中年以上妇女出现阴道不规则流血或分泌物增多；进食后胸骨后闷胀、灼痛、异物感和进行性吞咽困难；久治不愈的干咳、声音嘶哑和痰中带血；长期消化不良、进行性食欲减退、消瘦而原因不明者；大便习惯改变或有便血；鼻塞、单侧头痛或伴有复视者；黑痣突然增大或破溃出血者；无痛性血尿者。筛查是早期发现癌症的重要途径之一，具体见第五点。

（三）三级预防

即尽量提高癌症病人的治愈率、生存率和延长生存时间，提高生命质量，注重康复、姑息和止痛治疗：要求对癌症病人提供规范化诊治方案和康复指导，要进行生理、心理、营养和锻炼指导。对慢性患者开展姑息镇痛疗法。注意临终关怀，提高晚期癌症病人的生存质量。

五、几种主要癌症的筛检

（一）宫颈癌的筛检

1. 筛检方法

（1）传统巴氏细胞学涂片：巴氏涂片作为子宫颈癌筛检和临床常规检查项目已有很多年，为子宫颈癌全球预防作出了巨大贡献。该方法是从子宫颈刮取细胞，在玻片上涂片、固定和染色后，由细胞学家对细胞进行评价。其灵敏度和特异度分别介于 50%~80% 和 85%~90% 之间。

宫颈涂片检查应在两次月经之间（月经后 2 周）进行，在检测前不要使用药物冲洗阴道，24 小时内没有性交。

（2）液基细胞学和细胞学自动阅片系统：目前有 ThinPrep 和 AutoCyte Prep 2

种薄层液基细胞学技术。液基细胞学改变了常规涂片的操作方法，使识别高度病变的灵敏度和特异度分别提高到85%和90%左右。

（3）HPV DNA 检测：HPV 检测作为初筛手段可浓缩高风险人群，比通常采用的细胞学检测更有效。此外，可根据感染的 HPV 类型预测受检者的发病风险度，决定其筛检间隔。HPV 检测可单独应用或与细胞学方法联合使用进行子宫颈癌的筛检。还可用于子宫颈上皮内高度病变和癌症治疗后的监测。

（4）肉眼检查：肉眼检查是指用化学溶液涂抹子宫颈使其染色后，不经任何放大装置，用普通光源照明，肉眼直接观察子宫颈上皮对染色的反应，来诊断子宫颈病变。

（5）阴道镜检查：阴道镜是一种内镜，可在强光源下用双目立体放大镜或电子监视器直接观察子宫颈和下生殖道上皮的病变，是早期诊断宫颈癌及癌前病变的重要辅助方法之一。当临床可疑或细胞学检查异常时往往建议进行阴道镜检。阴道镜与 HPV 检测或细胞学合用可减少假阴性的发生，并显著提高子宫颈癌的早诊率。该方法最大优点是可发现肉眼看不见的亚临床病变，并在可疑病变处定位活检，从而提高活检的阳性率和诊断的准确率。

2. 筛检建议

（1）筛检对象：

任何有3年以上性行为史或21岁以上有性行为的妇女均为筛检对象。高危人群定义为有多个性伴侣、性生活过早、HIV/HPV 感染、免疫功能低下、卫生条件差、性保健知识缺乏的妇女。

对一般人群，在我国经济发达的大中城市，筛检起始年龄可考虑为25~30岁；在经济欠发达地区，筛检起始年龄应放在35~40岁；对于高危妇女人群，筛检起始年龄应适当提前。一般不主张对65岁以上的妇女进行子宫颈癌筛检。

（2）筛检间隔：每年1次细胞学筛检，连续2次均为正常者，可适当延长筛检间隔时间至每3年查1次。若连续2次 HPV 和细胞学筛检均为正常，可延长筛检间隔时间至5~8年。高危妇女人群，筛检间隔时间应较短，最好每年筛检1次。

（3）筛检方案：以下为3种适用于不同资源条件和人群风险度的筛检方案以供选择。

第一种：最佳筛检方案。医师取材 HPV 检测和液基细胞学组合。该方案筛检技术先进，漏诊率较低，但成本较高，适宜于我国经济发达地区和/或经济条件较好妇女的筛检。

第二种：一般筛检方案。医师取材 HPV 检测和传统巴氏涂片组合。该方案适宜我国中等发展地区妇女的筛检。

第三种：初级筛检方案。仅用肉眼观察。虽然肉眼观察的灵敏度和特异度都较低，但该方法的操作易于培训、费用低廉，适于经济欠发达、卫生资源缺乏的地区。如在质量上加以控制,其灵敏度能达到70%以上,通过筛检至少可以发现2/3以上的病人。

筛检方案涉及多种检测技术的组合,应按照地区资源条件和人群风险度进行优化配置,具体方案还依赖于各种技术的成本及可获得性。个人有权选择辅助性技术以降低其危险性。

筛检方案涉及到筛检的开始年龄、间隔和结束年龄等,这些也应根据实际情况具体决定。

(二) 乳腺癌的筛检

1. 筛检方法

(1) 乳腺自查:定期乳腺自查的目的是早期发现可触及的乳腺肿物及增强对乳腺异常的警觉。尽管乳腺自查的筛检价值存在争议,但其对筛检间期癌的早期发现确有帮助。而且目前临床上的乳腺癌病例,相当多数是由患者自己发现后再来就诊的。目前认为乳房自检是乳腺癌筛检最廉价,也是促进妇女乳腺自我保健最简单易行的方法。每月1次的定期检查能够动态观察乳腺的变化,其最佳自检时机是在月经后1周。方法是:月经后7~10天,站或坐于镜前,面对镜子对比观察两侧乳房,大小形态有无不对称,轮廓有无改变,乳房表面有无细微变化,乳头有无上抬,有无溢液等。触诊:平卧床上,双手分别检查对侧乳房,指腹轻柔按压,顺序检查乳房各部,注意勿遗漏乳头乳晕及腋窝区。重点检查两侧乳房质地是否一致,有无结节、增厚及其他异常改变。

(2) 临床体检:现已确认乳房X线摄影及临床体检为乳腺癌筛检的常规方法。目前看来,单凭临床体检作筛检以发现早期乳腺癌的比例较低,直接降低乳腺癌死亡率的效果也不大。但乳腺体检提供了一个让妇女接受教育、警惕乳腺癌发生的机会,如乳腺癌的危险因素、与乳腺癌防治有关的各种议题,均可得到传播,从而收到附带效果。

乳腺的临床体检一般应由专职筛检医师进行,全面检查乳房、腋窝及锁骨上下区有无结节、增厚、皮肤异常、乳头内陷、乳头溢液等。

(3) 乳房X线摄影 (SFM):乳腺钼靶X线摄影是乳腺癌筛检最重要的手段,该方法除能诊断乳腺的良、恶性疾患,发现临床上尚触摸不到肿块的早期乳腺癌外,乳腺X线实质分型尚有助于识别乳腺癌高危个体。

(4) 乳腺超声检查 (BUS):超声检查乳腺的优点包括:①无放射性,对年轻女性,尤其是妊娠、哺乳期女性检查更为适宜,进行筛检和随访也很方便;②对囊性或实性肿块鉴别意义大,超声可发现2mm大小的囊肿;③超声对乳腺组织的层次显示清楚,定位较准;④对致密型乳腺X线检查不满意,超声可以帮助排除肿瘤;⑤对腋窝和锁骨上淋巴结显示清楚。

超声检查乳腺的不足之处包括:①小于1cm的肿瘤常显示不清;②X线显示

的特征性表现——微小钙化和毛刺样改变,超声检查常显示不佳;③超声检查需要一定的经验和操作技巧,且费时较长。

超声检查还具有经济、简便、无痛苦、无损伤、患者容易接受等优点,只要使用得当,对乳腺疾病的检查可与X线互为补充,因此已逐渐成为乳腺癌早期诊断的主要辅助手段。

2. 筛检方案

(1) 筛检对象:中国癌症筛检及早诊早治指南(试行)建议筛检对象以35~70岁为宜。

(2) 筛检间隔:一般而言,间隔短则被检出的乳腺癌较小,病期也较早,间期癌的发生也较少,从而能获得较佳的筛检效果。反之,间隔期长,则效果也就较差。目前我国的筛检间隔以1~2年为宜,不应超过2年,一般连续筛检4次,即可收到乳腺癌死亡率下降之效。但对于前轮筛检中发现有明显异常或高危型乳腺(占2%~3%)的人群应作更密切地追查,间隔可为3个月或半年。

(3) 具体筛检方案:

1) 对于一般妇女:①乳腺自查:20岁以后每月检查一次。②临床体检:20~29岁每3年1次,30岁以后每年1次。③X线检查:35岁,摄基础乳腺片,若非高危人群,则每隔年1次乳腺X线摄片;>40岁,每1~2年1次乳腺X线检查,乳腺X线检查可只摄斜位1张,若有可疑再加照侧位或轴位像。60岁以后可隔2~3年摄片检查1次。④超声检查:35岁以后每年1次乳腺超声检查,40岁以上每2年检查1次。

2) 对于乳腺癌高危人群:①未育或≥35岁初产;②月经初潮≤12岁,或行经≥42年;③1级亲属在50岁前患乳腺癌;④两个以上1级或2级亲属在50岁以后患乳腺癌或卵巢癌;⑤乳腺X线间质类型为Ⅱb、Ⅲc、Ⅳc;⑥对侧乳腺癌史或经乳腺活检证实为重度非典型增生或乳管内乳头状瘤患者;⑦胸部放射治疗史≥10年。

凡有上述情况之一者,为高危个体。除鼓励乳腺自检外,20岁以后每年做临床体检1次,30岁以后每年做乳腺X线摄影及B超检查1次,必要时加X线轴位像,或半年随访1次。

(三) 大肠癌的筛检

1. 筛检方法

(1) 直肠指检:直肠指检简便易行,无需特殊设备,一般可发现距肛门7~8cm以内的中下段直肠肿瘤。中下段直肠癌直肠指检诊断率与病理诊断的符合率高达60%~70%。在误诊的直肠癌中,80%在第一次就诊时未做直肠指检。由于我国的大肠癌中直肠癌所占比例较高,一般认为我国大肠癌中约50%可通过直肠指检得到初步诊断。

临床上凡排便习惯改变，按肠炎治疗 2 周后不愈者应做直肠指检。但由于无症状的直肠癌一般肿块较小，不易触及，且指检范围有限仅及直肠中下段，不可能发现更高部位的肿瘤，因此有一定的局限性。

（2）粪便潜血试验（FOBT）：研究报道，大肠癌 40%~60% 有出血，而且 FOBT 呈阳性。FOBT 是早期发现大肠癌的主要手段之一。国内研制的免疫法反向被动血凝法（RPHA—FOBT），不受饮食限制，较为简便。国外也有研究表明，在人群中每年进行一次 FOBT 就可降低大肠癌的累积死亡率。但 RPHA—FOBT 用于检测大肠息肉（癌前病变）的效果则较差，其灵敏度仅为 21.1%，特异度为 82.4%，值得注意的是，30%~50% 的早期大肠癌可不出血或仅间歇性出血，在此类情况下 FOBT 易发生漏检。

（3）肠镜：应用纤维结肠镜是结肠肿瘤诊断的一项有效方法，可以提高早诊率。肠镜检查能直接观察病灶情况，并能活检做病理检查；另一个优点是可在镜下处理一些结肠病变，如切除结肠腺瘤可使大肠癌的发病率下降（76%~90%）。肠镜结合活检是目前临床诊断大肠癌最可靠的方法。但因肠镜检查成本高、依从性差，一般不用于初筛，用于初筛阳性者作进一步的诊断和治疗。

2. 筛检方案

（1）筛检对象：有家族性腺瘤性息肉病（FAP）和遗传性非息肉病性结直肠癌（HNPCC）家族史的 20 岁以上家族成员，最佳开始筛检年龄为 20 岁左右；无家族肿瘤史者，可从 40 岁开始进行筛检。建议 75 岁为筛检终止年龄。

（2）筛检间隔：FOBT 筛检可间隔 1 年，对 FOBT 检查连续 3 次阴性者可适当延长筛检间隔，但不应超过 3 年。肠镜筛检，可每 3~5 年筛检 1 次。

（3）筛检方案：大肠癌的筛检方案可有多种组合，各地应根据实际情况、经济水平、不同年龄的人群的承受能力和顺应选择合适的大肠癌筛检方案。有条件的地区，应避免采取单一的 FOBT 方法筛检，以免遗漏一部分不出血的早期大肠癌。对于 FOBT 的方法，建议推广使用免疫法 FOBT。大肠癌筛检方案按照散发性大肠癌和遗传性大肠癌而有所不同。

①散发性大肠癌的筛检方案：第一种筛检方案：对高危对象作肠镜检查，阳性者根据治疗原则处理，阴性者每年复查 1 次 FOBT，复筛检出肿瘤，按肿瘤治疗原则处理，检出息肉，切除后每 3~5 年肠镜复查 1 次。

第二种筛检方案：对≥40 岁的筛检对象，每 1~2 年进行 1 次 FOBT 筛检，连续 3 次 FOBT 检查阴性者，可适当放宽筛检间隔，但不应超过 3 年。此方案主要优点是方便、可行，成本低。但易漏诊，约占半数不出血的早期大肠癌被遗漏。

②有遗传性大肠癌家族史成员的筛检方案：2003 年全国遗传性大肠癌协作组会议，制定了遗传性大肠癌的临床筛检方案，对有 FAP 家族史的成员，建议进行 APC 基因突变的检测；对有 HNPCC 家族史的成员，进行 hMLH1、hMLH2 的免疫

组织化学检测和微卫星不稳定性（MSI）检测。

（四）原发性肝癌的筛检

1. 筛检方法

（1）甲胎蛋白（AFP）：自1971年以来，血清AFP检查作为肝癌筛检的手段沿用至今。血样可以是静脉血或末梢血。目前普遍应用ELISA法，该方法灵敏度高，方法简便，且价格低廉，但也易出现假阳性。有几种情况也会出现AFP升高，如肝病活动、生殖系统肿瘤、妊娠期间等，进一步检查时需要排除这些情况，如AFP增高而肝功能正常，应以影像学检查定位。若不能定位，应每月随访至AFP转至正常或确诊肝癌。利用AFP进行肿瘤筛检，安全性大，但也存在一定的问题：早期时阳性率较低，当肿瘤处于晚期时灵敏度才提高。早期肝癌的灵敏度约为60%。特异度约为95%（排除肝病活动）。我国约有30%肝癌病人的AFP阴性，单独用AFP检查会遗漏这部分病人。

（2）实时超声：自20世纪80年代中后期起，我国的肝癌筛检开始联合应用AFP和超声显像，以提高筛检的灵敏度。近年来，超声显像在肝癌早期发现中的地位越来越受到重视。与其他影像学检查相比，超声显像不但有容易操作、无创伤性、重复性强和相对花费少等特点，而且研究证实超声能检测到直径1~2cm小肝癌，有些学者甚至认为它的价值超过AFP。

2. 筛检方案

（1）筛检对象：为所有肝癌的高危人群。肝癌高危人群指年龄在35岁以上，有乙型肝炎病毒或丙型肝炎病毒感染的血清学证据，或有慢性肝炎史者。在高危人群中AFP筛检肝癌的检出率为501/10万，为自然人群的34.5倍。

（2）筛检起始年龄和终止年龄：男女发病率之比为3:1，并且女性的发病年龄较男性稍晚。根据各地不同的经济状况，可以考虑对男性35岁或40岁以上，女性45岁或50岁以上的高危对象进行筛检。至于终止年龄，建议定在65岁。

（3）筛检间隔：每3~6个月筛检一次应是合理的。每6个月1次的筛检，所发现的肝癌3/4以上为亚临床肝癌；若筛检间隔时间过短，如每3个月一次，则会造成受检者心理上负担过重，并且筛检成本增加；所以在实际工作中，将筛检的间隔控制在半年左右比较合适。

（4）筛检方案：筛检的方案要根据经济和医疗条件而定。理想的筛检方案是联合应用AFP和超声显像，可以极大地降低漏诊率。超声显像对超声医生有一定的要求，因此如果没有合格的超声医生，可以单用AFP筛检。如果经济不能保证采用联合筛检试验，可单用超声显像筛检。单用AFP或单用超声显像筛检，都增加漏诊的可能。

（5）随访对象：对AFP升高而定位诊断不明确者，在排除生殖系统肿瘤、妊娠后，可以每1~2个月作一次随访。对AFP升高人群往往伴有慢性肝病活动，应同时检查其肝功能,直到排除或确诊肝癌。对肝内有小结节病灶而 AFP 正常者,在仔细的定位诊断检查后,仍未能确诊者,可以每 3 个月左右作一次随访,重点应作超声波检查及 AFP 定量检查。

第七节 慢性阻塞性肺部疾病的防治

一、概述

慢性阻塞性肺部疾病(chronic obstrutive pulmonary disease),简称慢阻肺(COPD),是一组疾病的统称。中华医学会呼吸系统疾病学会制定的《慢性阻塞性肺疾病(COPD)诊疗规范(草案)》把 COPD 定义为具有气流阻塞特征的慢性支气管炎和(或)肺气肿,即把存在气道慢性不可逆性阻塞和/或合并阻塞性肺气肿统称为 COPD。该定义认为 COPD 应该只包括那些有慢性不可逆性气道阻塞的肺病者,如慢性支气管炎和阻塞性肺气肿,及部分气道阻塞不能完全缓解的哮喘,而其他包括有气道阻塞但可完全恢复正常的哮喘、无气道阻塞的某些类型的慢支和肺气肿等都不属于 COPD。

二、流行特点和危险因素

COPD 在世界范围常见多发。近年来该病因患病人数增多,病死率较高而日益受到重视。1996 年全球死于慢性肺部疾病者高达 300 多万例,约占总死亡数的 10%。据估计我国目前有 COPD 患者 3000 万以上,患病率 3%~5%。我国 COPD 的流行特点是农村的发病率及死亡率明显高于城市,列农村死因第 1 位,城市死因第 4 位,存在明显城乡差别;地区分布上,地处寒冷的东北、西北、华北、西南及中南地区、河南等地区的 COPD 及肺心病患病率明显高于华东、华南等地;新疆、青海、西藏等地区因寒冷、日气温变化大,其 COPD 与肺心病患病率亦较高。此外,COPD 的患病率及死亡率随着年龄的增长而逐渐升高,除少数死于儿童期,95% 以上的 COPD 死亡发生在 55 岁以后。调查资料显示,近 20 年来我国的 COPD 患病率呈上升趋势。

COPD 主要继发于支气管炎,病程长,患者肺通气功能下降,肺呼出量减少,影响健康和劳动。迄今,COPD 的病因和发病机制尚不十分清楚,可能与多种因素协同作用有关,目前已确定或有证据支持的危险因素有吸烟与被动吸烟;二氧化硫、二氧化氮等大气环境污染;吸烟、被动吸烟及家用炉灶造成的居室空气污染;煤矿工及其他矿工、金属制造工、生产石器、玻璃和粘土制品的工人等,经常接触工业刺激性粉尘和有害气体的职业性污染;烟雾和有害气体接触;儿童时期呼吸道感染;肺功能降低等。其他因素如寒冷多变气候、营养状况、社会经济状况等在

COPD 发生中的作用有待进一步证实。

三、防治策略和措施

（一）防治策略

慢性支气管炎、肺气肿是肺心病的主要原发疾病，肺心病引起呼吸衰竭是呼吸系统疾病的主要死因，因此积极预防控制 COPD 是减少我国因呼吸系统疾病死亡的主要措施。COPD 的预防应坚持三级预防策略。一级预防是病因预防，如针对吸烟是 COPD 的重要危险因素，开展禁烟和戒烟活动；针对大气污染情况进行环境综合整治等。二级预防是"三早"，即早发现、早诊断、早治疗，目的在于防止和延缓 COPD 的进展，如 COPD 患者在出现症状之前相当长一段时间内处于无症状期，病人如能在此期间早期检出和处理，则有可能使其病情逆转。三级预防为临床预防，主要任务是对症治疗，预防并发症发生与伤残，开展康复工作等，即对确诊为有症状的 COPD 患者，及早采取有效治疗及护理措施，以延缓患者病情进展及并发症发生，减轻症状，提高其生活质量。

（二）防治措施

1. 一级预防：包括：①健康宣教：对全人群与高危人群开展多种形式的健康教育，使群众认识到预防 COPD 的重要性以及掌握防治 COPD 的基本技能，这是做好 COPD 三级预防的基础和前提。②控烟：吸烟是 COPD 发病的最主要的危险因素之一，开展全人群及高危人群的控烟运动能有效降低 COPD 发病率。提倡不吸烟，鼓励戒烟是 COPD 防治工作，尤其是早期阶段防治的主要干预措施。③环境综合治理：已有有力证据表明空气污染是引起 COPD 的重要环境因素。政府有关部门要对城市中存在的污染问题，主要是空气污染，采取有针对性的有效措施。如进行城乡建设规划，合理安排工业区和生活区；改良炉灶、加强通风、实行集中供热、推行煤气化；重点整治严重污染工厂等。④控制、减少职业性危害：多种职业性的接触也是 COPD 的危险因素，如煤矿工及其他矿工、金属制造工、生产石器、玻璃和粘土制品的工人、经常接触工业刺激性粉尘和有害气体的工人、谷物运输工、棉纺工人等呼吸道疾病发病率高且肺功能较低。针对这些易感人群应该采取相应的劳动卫生措施，并每年开展预防性健康体检，有呼吸功能损害者调离原岗位，力求控制、减少职业性危害。

2. 二级预防：在慢性阻塞性肺疾病（COPD）高危人群中定期进行普查、筛检，以尽早检出有早期病变者并给予早期治疗，是改善病况，提高生命质量的重要手段。COPD 的高危人群包括：长期吸烟者，职业性暴露人群，有家族史的人群，有慢性咳嗽、咳痰症状者，出生时低体重、早产儿、营养不良儿、或儿时反复下呼吸道感染者等。早期识别高危人群、定期监测是早期诊断的重要步骤。对筛检出的高危人群应开展健康宣教，并针对存在的危险因素进行干预，如鼓励戒烟等。

COPD 的典型症状是咳嗽、咳痰和呼吸困难。长期咳嗽和咳痰经常使气道受阻，多年后病人很容易发展为 COPD。有下列情况应怀疑为慢性阻塞性肺病：50 岁以上、多年吸烟史、渐进性缺氧和呼吸困难和/或长期咳痰。COPD 的筛检方法为呼吸量测定法。它可确定肺阻塞的程度。通过呼吸量的测定，可以把病人通气功能障碍分为自限型、阻塞型和混合型，进行确诊。

3. 三级预防：包括：①继续做好健康宣教工作：针对 COPD 患者及其家庭进行系统健康宣教，使其了解 COPD 病程的长期性、危害性以及进行长期防治的必要性、可行性，争取患者及其家庭对防治工作的理解、配合和支持。进行健康教育还可以有效解除病人常伴有的精神焦虑抑郁。②规范化管理与治疗：对确诊的 COPD 患者进行规范化管理和治疗，制定详细的管理及诊疗方案。对 COPD 患者要进行长期系统管理，包括登记确诊的病人、为病人建立完整的病历及随访记录本，长期监测病人肺功能进展情况等。③戒烟：戒烟减少吸烟者气道痰液分泌量，有利于改善病人症状及延缓并发症的发生。④康复锻炼：制定康复锻炼计划。

(杨波　徐亚宁　雷杨)

第五章　健康干预（三）灾难性病伤管理

为患癌症、心脑血管意外、遭受意外伤害等灾难性病伤的员工及家庭提供健康管理服务，要求高度专业化的疾病管理，解决相对少见和高价的问题。及时的院前急救和转诊，可以挽救员工的生命；通过帮助协调医疗方案，可以帮助员工改善结果和减少花费；综合开展病人及家属的健康教育，使医疗需求复杂的病人在临床、财政和心理上都能获得最优的结果。

第一节　院前急救

院前急救是指进入医院以前对急性疾病和创伤患者的现场或转运途中的医疗救治。如能在发病现场或灾害事故现场即对伤病员进行紧急、简要、合理的处理，建立有效的呼吸与循环支持以稳定病情，尽快将病人安全地运送到医院，可使员工的伤亡减少到最低限度。院前急救既是医疗单位收到呼救后赶赴现场的救治行为，也可是经过简单医学知识普及教育培训的公众的救治行为。

一、院前急救的组织措施

为保证患急症的员工能得到及时、有效的救治，可采取以下措施：

（一）熟悉与急救中心、综合性医院急诊科和当地应急救援系统的联系方式。出现紧急伤病与急救中心、综合性医院急诊科保持联系的畅通，要求对方尽快出诊，急救应急反应时间亦即从接到求救电话到派出救护车抵达伤病现场的平均时间按国际目标要求为 5~10min。

（二）针对可预见的意外伤害事故制定相应的抢救预案，并组织培训和演习。一旦发现火灾、交通事故、化学毒剂泄漏、工伤、中毒等事故发生，立即向地区的应急救援系统报告，包括消防（119）、公安（110）、交警（112）等系统，做好调度、伤员分检、救治、转运、专科医院及时接诊等工作，同时保护好现场，阻止闲杂人员进入，以免影响寻找意外事故发生的原因。

（三）如有职工医疗机构，医师应定期接受急救方面的训练，掌握常用的急救方法。包括心肺脑复苏的模拟训练、骨折及创伤的包扎、运送等基本操作技术的练习。配备必要的设备包括急救用的氧气瓶、简易面罩式呼吸器、心电图机、洗胃机、血压计、急救包、急救药品、止血带、消毒敷料等。

（四）若无职工医疗机构和专业医生，急救人员也可以是经培训的专业人员，单位可以组织包括健康管理人员在内的员工接受相关培训。如能达到第一目击者在急救工作者未到达之前能正确处置的水平，将为病人赢得宝贵的抢救时间。

二、院前急救的原则

（一）时间就是生命

现场抢救时应强调时间就是生命的观念。通过病人的症状搜寻和认识致命的问题，采取紧急措施挽救和维持生命，而不应像专科医师那样首先去明确疾病的诊断，寻找支持诊断的依据，然后再施以治疗。

（二）判断病情

在火灾、交通事故、地震、空难、暴风雨、泥石流、化学事故等灾害或人为事故时，急救人员首先检查伤员的意识、体温、脉搏、心率及血压、呼吸等情况，瞳孔的大小与对光反应、肺部有无啰音等，并按此将伤情分类。伤情可分4类：①绿色为生命体征正常，轻度损伤，能步行。②黄色为中度损伤。③红色为重度损伤，收缩压小于8kPa（60mmHg），心率>120次/分，有呼吸困难及意识不清。④黑色为遇难死亡伤员。应分别将红、黄、绿、黑四种不同的标记挂在伤员的胸前或绑在手腕上。对轻度损伤者给予就地处理后，可在社区或职工医疗机构继续观察、随访。对中、重度伤者必须进行初步的现场急救，如心肺复苏、止血、骨折的固定等，再尽快送往附近的专科或综合性医院抢救治疗。

对急性心脑血管意外等急症患者，也应根据病人病情的轻重缓急分为急需心肺复苏和有致命危险的危重患者、暂无生命危险的急症患者等类别区别对待。对急需心肺复苏和有致命危险的危重患者，如心肌梗塞、急性脑出血、窒息、急性左心衰竭等要刻不容缓的现场抢救，稳定病情，目的在于挽救病人生命及维持基本生命体征；有致命危险的危重患者，应在短暂病情评估后采取相应的急救措施并转运。

（三）脱离现场

现场急救的主要目的是去除威胁受伤者生命安全的因素，然后再采用其他抢救措施。因此，救护人员应帮助伤员迅速离开现场。如火灾的受伤者，可以就地打滚，用身体压灭火苗或用棉被、毯子、大衣等覆盖以隔绝空气灭火。在对电击伤者急救时，必须利用现场不导电的物件，挑开引起触电的线路，或关闭开关及拉下电器设备插头，使伤员脱离电源。而遇CO中毒者，应尽快使患者脱离现场，保持呼吸道通畅，呼吸新鲜空气等。

（四）紧急处理

现场急救的关键是心肺脑复苏，保持呼吸道通畅、包扎止血、骨折固定等。现场救援人员应简要、重点询问病史后，进行紧急处理。

三、常见急症与现场急救方法

(一) 心脏骤停与心肺复苏

心脏骤停是指各种原因所致心脏射血功能突然终止,其最常见的心脏机制为心室颤动或无脉性室性心动过速,其次为心室静止及无脉电活动,心脏骤停后即出现意识丧失,脉搏消失及呼吸停止,经及时有效的心肺复苏部分患者可存活。

电击、溺水、药物过量、气道异物、颅脑损伤、脑血管意外、各种心脏病如冠心病、心肌病及急性心肌炎等是引起心搏骤停 (sudden cardiac arrest, SCA) 的常见原因。

心脏骤停导致全身血流中断。脑是人体中最易受缺血损害的重要器官,正常体温情况下,心脏停搏 5min 后,脑细胞开始发生不可逆的缺血损害;心脏骤停 10min 内未行心肺复苏者,神经功能极少能恢复到发病前的水平。而急救中心从接到报告至抵达现场一般需要 7~8min 或更久,这就意味着患者最初的生存机会取决于是否得到及时的现场救助。院外室颤所致 SCA 患者如果在 3~5min 内得到 CPR 和除颤,生存率可提高到 49%~75%。如果在 SCA 后 4~5min 或更久仍未能够除颤,则 CPR 显得更为重要,它供给心脏和脑少量但是重要的血流。CPR 每延迟 1min,室颤所致 SCA 患者的生存率将下降 7%~10%。

心脏骤停的典型表现包括:意识突然丧失、呼吸停止和大动脉搏动消失的"三联征"。诊断要点:

1. 意识突然丧失,面色可由苍白迅速转向发绀。
2. 大动脉搏动消失,触摸不到颈、股动脉搏动。
3. 呼吸停止或开始叹息样呼吸,逐渐缓慢,继而消失。
4. 双侧瞳孔散大。
5. 可伴有短暂抽搐和大小便失禁,伴有口眼歪斜,随即全身松软。
6. 心电图表现心室颤动、无脉性室性心动过速、心室静止或无脉心电活动。

心肺复苏 (cardio-pulmonary resuscitation, CPR) 是抢救生命最基本的医疗技术和方法,包括基本生命支持 (basic life support, BLS) 和高级心血管生命支持 (advanced cardiovascular life support, ACLS),目的是使患者恢复自主循环和自主呼吸。基本生命支持包括人工呼吸、胸外按压和早期电除颤等基本抢救技术和方法,主要用于发病和致伤现场,包含了生存链"早期识别、求救;早期 CPR;早期电除颤和早期高级生命支持"中的前三个环节。高级心血管生命支持通常由专业急救人员到达现场或在医院内进行,通过应用辅助设备、特殊技术和药物等,进一步提供呼吸、循环支持,包含了生存链"早期识别、求救;早期 CPR;早期电除颤和早期高级生命支持"中的后两个环节。国外报道,院内的大多数 ACLS 技术都不能改善 SCA 患者的预后或仅仅证实可改善短期生存率,其对生存率的任何改善要小于现场非专业急救者心肺复苏和自动体外除颤项目所取得的成果。因此，我国应在努力提高专业急救人员水平的同时，应将开展心肺复苏教育作为紧要任务，作为单位也可将基本生命支持作为健康管理人员或志愿者的培训内容，以减少开始心肺复苏和除颤所需要的时间，改善心肺复苏的质量。

本章重点介绍基本生命支持。基本生命支持可以归纳为初级 A、B、C、D，即 A（airway）开放气道、B（breathing）人工呼吸、C（circulation）胸外按压、D（defibrilaton）电除颤。

那么，何时开始 CPR？现场急救人员首先判断患者的反应。如有人突然意识丧失倒地，现场急救人员先要确定现场有无威胁患者和急救者安全的因素，如有应及时躲避，否则尽可能不移动患者。通过动作或声音刺激判断患者意识，如拍患者肩部或呼叫，观察患者有无语音或动作反应。对有反应者使其采取自动体位，无反应者应采取平卧位，便于心肺复苏。单人急救发现患者为 SCA（无意识、无运动、无呼吸，不包括偶尔的叹息），应先拨打急救电话，然后立即返回患者身边开始 CPR。两人以上急救人员在场，一位立即施行 CPR，另一位拨打急救电话，急救电话中应向调度员说明患者所处的位置、简单经过、患者人数及相应病情、已采用的急救措施等。CPR 的主要操作及注意事项如下：

1. 开放气道（A）。患者无意识时，由于舌后坠、软腭阻塞气道，检查呼吸前首先应开放气道。一旦确定心搏骤停，应小心置患者于仰卧位，不要放置在软床上，最好在胸背部放置硬木板或平卧在地上。应用手指清理患者气道内的异物或分泌物，无明显气道阻塞时，则不必用手指清除异物；取出假牙，采用仰头抬颏手法以开放气道（图5-1），急救者位于患者一侧，将一只手小鱼际放于患者前额用力使头部后仰，另一只手指放于下颏骨性部位向上抬颏，使下颏尖、耳垂连线与地面垂直。如果怀疑患者颈椎损伤，开放气道应该使用没有头后仰动作的托颌手法。但是，如果托颌手法无法开放气道，则仍然采用仰头抬颏手法，因为在 CPR 中维持有效的气道、保证通气是最重要的。

随后观察患者胸部有无起伏，贴近患者口鼻，听和感觉呼吸道有无气体呼出，若毫无反应，应立即进行口对口或口对鼻人工呼吸 2 次，每次超过 1s，如果潮气量足够，则能够看见患者胸廓起伏。如果不能在 10s 内确认患者呼吸是否正常，同样先进行两次人工呼吸。注意心脏骤停早期出现的叹息样呼吸（濒死呼吸）是无效呼吸。非专业人员如果不愿意或不会进行人工呼吸，那么即刻开始胸外按压，不必耽搁。

2. 人工呼吸（B）。口对口人工呼吸是为患者提供空气的有效手法。在室颤所致 SCA 患者的最初几分钟内，人工呼吸可能没有胸外按压重要，因为此时的血氧含量仍在较高的水平，而心肌和脑的供氧不足主要是由于血流受限，胸外按压可以提供少量但至关重要的血流。血氧耗竭后，人工呼吸与胸外按压对室颤所导致的

图 5-1 仰头抬颏手法开放气道

SCA 患者都十分重要。此外,人工呼吸与胸外按压对于呼吸骤停、淹溺所致心搏骤停伴缺氧者是同等重要的。另对口唇受伤或牙关紧闭者,可采用口对鼻呼吸,对有永久气管切开的患者可通过导管进行人工通气,也可通过面罩用连接管进行人工通气。

口对口人工呼吸的具体操作方法为:开放患者气道(仰头抬颏,使口腔、咽喉处于同一轴线),一手捏紧患者鼻孔,正常吸气(不是深吸气,防止救助者头晕)后,用自己的双唇包绕封住患者的口外部,形成口对口密封状。向患者口内吹气,然后离开患者口唇,松开捏紧的鼻孔,使患者胸廓及肺同缩而被动呼气(图 5-2)。此方法主要以人工被动方法使空气到达患者的肺泡,以重建呼吸,减轻机体及组织的缺氧。

图 5-2 口对口人工呼吸

人工呼吸的具体要求为:①每次人工呼吸的时间在 1s 以上;②每次人工呼吸

的潮气量足够（成人 CPR 中，潮气量大约 500~600ml，即 6~7ml/kg），能够观察到胸廓起伏；③避免迅速而强力的人工呼吸（降低胃膨胀及其并发症的风险）；④如果已有人工气道（如气管插管），并且有两人进行 CPR，通气频率为 8~10 次/min；对于尚有自身循环（如可触及脉搏）的成人患者，频率为 10~12 次/min，或每 5 至 6s1 次。⑤人工呼吸时，胸外按压不应间断。

人工呼吸中最常见的困难是开放气道，如果患者的胸廓在第一次人工呼吸时未发生起伏，则需确认仰头抬颏手法后再进行第二次呼吸。出于安全考虑，一些医务人员和非专业救助者不愿意进行口对口呼吸，而更愿意通过口对通气防护装置进行人工呼吸。防护装置可能不会减少传染的风险，有些甚至可能增加气流阻力，而延误人工呼吸。人工呼吸时应每 2min 重复检查患者脉搏，时间不要超过 10s。

现场若有条件应为患者做气管内插管，用气囊面罩组成的简易呼吸器吸氧（氧浓度为 40%，最小流量为 10~12L/min），以保证有效的通气。

3. 胸外按压（C）。胸外按压通过提高胸腔内压力和直接按压心脏驱动血液流动。按压时血液由心脏流向肺动脉及主动脉；按压放松时，静脉血又能回流至心脏，使心室充盈，如此反复，可改善重要脏器及组织的缺氧。正确地实施胸外按压可使收缩压峰值达到 60~80mmHg，舒张压略低，而颈动脉的平均压很少超过 40mmHg。尽管如此，这些血流对于脑和心肌的氧供来说是至关重要的。

胸外按压的部位是胸骨的下三分之一（乳头连线与胸骨交界处），急救人员跪在患者身边，一个手掌根部置于按压部位，另一只手掌根部叠放其上，双手指紧扣进行按压，使身体稍前倾，肩肘腕处于同一轴线上，与患者身体平面垂直，用上身重力按压。为保证按压"有效"，按压应"有力而快速"，对成人的复苏按压为 100 次/min；按压的幅度为 4~5cm；每次按压后胸廓完全回弹（胸廓完全回复可使血流返回心脏，对有效的 CPR 是必须的）；保证按压松开与压下的时间基本相等（松开时按压人员的掌根不可离开患者的胸骨部位）；努力减少按压中断（尽量不超过 10s，除外一些特殊操作，如建立人工气道或者进行除颤）。既往胸外按压的标准力度用可触及颈动脉或股动脉搏动来衡量，但在 CPR 中，医务人员可能会触及静脉搏动而实际没有动脉血流。目前的证据表明，按压频率为 100 次/min 时即能维持适量的血流。注意胸外按压用力不能过猛，以防发生肋骨骨折。

1 个 CPR 循环包括 30 次胸外按压和 2 次人工呼吸，如胸外按压以 100 次/min 计，那么 5 个循环的 CPR 大约需要 2min。有资料表明，在 CPR 开始后 1min 就可以观察到施救者明显疲劳和按压幅度减弱，如果有两名或更多的急救人员，有理由每 2min（或在 5 个比例为 30：2 的按压与人工呼吸周期后）更换按压者，每次更换尽量在 5s 内完成。

4. 除颤（D）。早期除颤对于救活 SCA 患者至关重要，因为 SCA 最常见和最初发生的心律失常是室颤，约占 80~90%。电除颤是终止室颤最有效的方法，随着时间的推移，成功除颤的机会将迅速下降。如果这些患者在3~5min内得到CPR和除颤，其生存率最高且神经功能将免于受损。除颤前CPR的作用是延迟室颤所致的SCA。研究表明，除颤前进行5个循环或者大约2min的CPR与立即除颤相比，可以增加患者初次复苏、活着出院和1年生存的几率。

使用体外自动除颤仪（根据除颤器电流的特点分为单向波和双相波型）时，电极位置为右侧放置于患者右锁骨下区，左侧电极放置于患者左乳头侧腋中线处。单相波首次：360J进行除颤，如果第一次除颤失败，则第二、三次的除颤均应予360J。相对低能量（150~200J）的双相波除颤不仅安全并且其终止室颤的效率相当或高于用与之相当或更高能量的单相波除颤，若首次电击时使用直线双相波除颤则应选择120J。除颤前后均予CPR，可成倍提高患者的存活率。电击时应提示在场所有人不要接触患者身体。

直至出现以下情况之一，院前CPR才可以终止：①有效的自主循环和通气恢复；②患者转到更高水平的医疗救助人员手中，后者可以决定复苏对该患者无效；③已出现可靠的不可逆性死亡征象；④施救者由于体力不支，或环境可能造成施救者自身伤害，或由于持久复苏影响其他人的生命救治。

（二）急性冠脉综合征（acute coronary syndrome，ACS）的急救

冠心病在美国一直占据死亡原因的第一位，每年有近120万人患急性心肌梗死（acute myocardial infarction，AMI），50万人最终死亡。院外急性心肌梗死患者中，近52%的人在症状发作的最初4h内死亡。因此，在症状发作的最初数小时内给予及时的救治是最有效的。

ACS通常是心源性猝死最直接的原因，急性心肌梗死和不稳定型心绞痛（unstableangina，UA）均是ACS的表现形式。ACS的常见症状是胸部不适，也可能包括上半身其他区域的不适、气短、出汗、恶心和头晕。ACS的不典型症状通常在老年人、妇女和糖尿病患者中出现。为改善ACS患者的转归，ACS的高危员工及亲属应该得到培训，识别ACS的症状，立即启动急救系统，到达有条件诊治的医院。在急救车到来前，应该针对明确的ACS发作症状，稳定患者情绪，予以吸氧，尽可能行12导联心电图检查，应用阿司匹林和硝酸甘油。如果患者没有服用过阿司匹林，也没有阿司匹林过敏史或近期和急性消化道出血征象，则给予160~325mg阿司匹林嚼服，并随时准备进行必要的CPR和除颤。

（三）休克的现场急救

多发性创伤、内脏出血、严重感染、药物过敏、心脏泵功能衰竭等常诱发休克（shock）。但无论何种原因引起的休克，都必须在现场对病人进行妥善的初步处理，尽早去除休克的病因。恢复有效的循环血容量，改善微循环，保证重要脏器的血供。处理方法如下：

1. 患者取平卧位，对伴有心力衰竭不能平卧者可采用半卧位。

2. 保持呼吸道通畅，予以吸氧。

3. 保持病人安静，避免过多搬动，注意保暖。

4. 补充血容量。常用的液体有：①生理盐水或复方氯化钠；②右旋醣酐；③全血、血浆及白蛋白。

5. 纠正酸碱紊乱，平衡电解质。

6. 经上述处理后血压仍不回升时，可考虑应用血管活性药物，如多巴胺等。

（四）外伤出血的初步处理

对于较小的切割伤只需清洁伤口，一般不必包扎，常在几分钟内自行止血。较大的创伤引起严重的出血，血液常不能凝结而不断流出。现场控制严重出血可采取下列方法：

1. 加压包扎法。适用于于小动、静脉出血。将厚的无菌敷料压在伤口上，再用绷带或三角巾以适当压力包扎。

2. 指压法。适用于中等动脉出血。以手指用力按压出血部位近心端的动脉，以达到止血的目的。

3. 止血带止血法。适用于四肢较大的动脉止血。抬高患肢，在伤口近心端的皮肤上用敷料或布料等垫好，然后用止血带在该处紧缠肢体2～3圈。但应注意：①止血带的压力应适宜，以出血停止远端不能摸到动脉搏动、伤口出血刚停止为好。②使用止血带一般不宜超过3h，且每30min放松一次，每次1～3min。③在患者胸前应有明显标记，注明上止血带的时间和部位。

（五）清创

如条件许可，开放性软组织损伤或开放性骨折应尽早清创，以免伤口再污染，增加继发急性骨髓炎或脓毒血症的机会。清创应包括整个肢体的清洗，用大量等渗盐水冲洗伤口、皮肤灭菌、清除异物。其简单步骤如下：

用消毒纱布盖好伤口，以乙醚或汽油清洗周围皮肤的污垢，然后戴上无菌手套，用消毒肥皂水刷洗伤口周围，并用生理盐水冲洗，如此可重复2～3次。注意刷洗时不要让肥皂水流入伤口内，每次重复刷洗应更换手套。刷洗完毕后以消毒纱布、无菌布单盖好伤口，及时转运。

如现场无法进行清创，可用无菌敷料或干净的布单包扎外露的骨端，但不可复位及缝合伤口，以免被污染的骨端再污染深部组织。对开放性软组织的损伤，可用消毒纱布或干净敷料加压包扎，不可用未经消毒的水冲洗或敷药物。挫裂伤和刺伤除进行彻底的清创术外，经皮试后给予破伤风抗毒血清（TAT）1500U肌内注射。

烧烫伤的患者，立即应用大量冷水冲洗患处，这样，既可迅速降温，减轻烧伤程度，又可清洁创面，缓解疼痛。冷水冲洗一般需持续半小时以上至中断冲洗后不再感到疼痛为止。不能在创面上涂红汞、紫药水等有颜色的药物，以免影响对烧伤深度的观察与判断。也不要将牙膏、油膏等油性物质涂于烧伤创面，否则会增加创面污染的机会。如有水疱,不要将疱皮撕去,可用消毒的纱布或干净的毛巾、被单包裹,保护创面,然后送医院作进一步处理。

(六)洗胃

一般经口中毒者都有必要洗胃,虽然中毒后 6h 内洗胃效果较好,但由于中毒量大时,部分毒物仍可滞留于胃内,因此超过 6h 后仍有洗胃的必要。要选用特制、粗大的胃管,成人胃管经鼻腔入胃的长度应是 60cm 左右。插胃管时要避免误入气管。洗胃时患者应头低位并偏向一侧,以免呕吐物反流或洗胃液被吸入气道,引起吸入性肺炎。每次灌注的洗胃液或温清水量因个体大小而异,一般 300ml 左右,吸出的量应基本相等,如此反复灌注直至胃液澄清为止。每次灌液后尽量吸出,灌入洗胃液总量约 5~10L。但应注意,吞服腐蚀性毒物禁止洗胃。神志不清或昏迷的中毒患者应先行气管插管后再洗胃。

(七)异物的处理

1. 结膜异物的处理。用生理盐水冲洗上、下眼睑,或用蘸生理盐水的湿棉签拭去异物。滴抗生素眼药水。

2. 鼻腔异物的处理

(1)堵住健侧鼻孔用力呼气,可将较小的异物喷出。

(2)用钳子夹取如纸卷、沙条等质地柔软的异物。

(3)如没有把握取出较硬的异物,应立即转院。

(八)重危过敏反应的急救

1. 病人取平卧位,注意保暖。

2. 吸氧。

3. 0.1% 肾上腺素 0.3ml,皮下注射。重症者给予 0.5ml 加入 10ml 生理盐水中,缓慢静注。

4. 地塞米松 5~10mg,静脉推注。

5. 琥珀酰氢化可的松 200mg 加入 5%~10% 葡萄糖 100ml 静滴。

第二节 转诊和运送

一、转诊的组织与指征

因现场急救和药品的条件有限,在现场对伤病员进行初步处理及建立有效的呼吸与循环后,应将部分患者转诊,使患者获得进一步的治疗及检查。

(一)转诊的组织

1. 平时应对所在省、市、地区综合性或专科医院的专业特点、医疗设施、医疗水平有比较详细的了解,以便在运送伤病员到医院前与接诊人员联系,让伤员到达后能得到及时、有效的治疗。

2. 转运的交通工具通常是陆路的救护车，现也有直升机或医用专机。救护车通常是由急救中心派出，部分偏远的单位职工医疗机构如有条件可配备救护车，并在车上配备必要的抢救设备和药品。

3. 危重病人尽可能直接入住重症监护病房（intensive care unit，ICU），减少中间环节。对某些急症如急性心肌梗死、重度一氧化碳中毒者，应送入有处理经验的专科医疗中心，使病人获得更好的诊治。

4. 大部分病人可能首先转入的是医院急诊科，经过急诊诊治后的患者再根据病情决定给予手术治疗、入院治疗、危重症监护治疗、急诊留观、转专科门诊或离院等处理。

5. 大型危险性试验或大型活动前应提前做好包括医疗、交通、消防等应急预案，出现事故时要向当地应急救援系统报告，按照预案和统一指挥，做好抢救及转诊运送工作。

6. 转运病人前，应向家属说明转诊的目的及途中可能发生的情况，并有专人详细记录现场及途中抢救经过，心搏骤停时间，心肺复苏过程，用药的时间、品种、剂量和出入水量等。途中注意观察血压、脉搏、呼吸等重要生命体征，并继续给予吸氧、补液等支持治疗，并向接诊医生递交抢救记录，作详细的介绍。

（二）转诊的指征

1. 地震、火灾、车祸等事故按伤情应分批转运。
2. 因溺水、重度电击伤及因其他原因引起心搏骤停者，在现场经心肺复苏，生命体征平稳后，宜及时转诊。
3. 休克、意识障碍、呼吸困难、心脑血管病、大出血和重度烧、烫伤者。
4. 多发性创伤及骨折者。
5. 各种中毒者经处理后症状好转，但仍需转院明确毒物的性质。
6. 被毒蛇、毒虫咬伤者，现场进行伤口处理后，应紧急转送至综合性医院进一步治疗。
7. 对眼、气管、支气管异物处理困难者需立即转入专科医院治疗。
8. 原因不明的晕厥、癫痫、咯血、呕血等经治疗后，症状缓解或消失仍应转诊以明确诊断。
9. 高热疑为重症感染、烈性传染病者，在给予降温的同时，应积极组织转院。
10. 腹痛原因不明、症状未缓解者；随访过程中腹痛程度发生变化，病情有反复者。

二、重危病人的运送方法

迅速、安全地运送伤员是成功的院前急救的重要环节，错误的搬运方法可以造成附加损伤。运送的注意事项包括：

1. 途中既要快速，又要平稳安全，避免颠簸。一般伤者的头部应与车辆行驶的方向相反以保持脑部血供。
2. 伤病员的体位和担架应很好固定，以免紧急刹车时加重病情。
3. 伤病员在车内的体位要根据病情放置，如平卧位、坐位等。
4. 腹腔内脏脱出的伤员，应保持仰卧位，屈曲下肢，腹部保温。
5. 骨盆损伤的伤员，应仰卧于硬板担架上，双膝略弯曲，其下加垫。
6. 疑有脊柱骨折的伤员，应由4人同侧托住伤员的头、肩背、腰臀部及下肢，平放于硬板上。
7. 疑有颈椎骨折及脱位的病人搬运时，应由一人扶持、固定头颈部，保持颈椎和胸椎线一致，切勿过屈、过伸或旋转。伤者应躺在硬板担架上，颈部两侧各放置一沙袋，使颈椎在运送过程中位于较固定的状态。
8. 昏迷、呕吐病人应取头低位且偏向一侧，防止呕吐物吸入呼吸道引起窒息。
9. 鼻腔异物者，应保持低头姿势，以免异物掉入气管中。

第三节　后续照顾

出现灾难性病伤，对员工不论是身体上还是心理上都是严重的打击。如何给予他们后续照顾，使患病员工在临床、财政和心理上都能获得最优的结果，需要单位、医院、病人及家属等综合努力。

（一）院内照顾

1. 制定适宜的医疗计划。这首先要求患者所在医院有一支综合业务能力较高的医疗队伍，能满足病人诊断与治疗的需要，必要时可进一步转诊治疗；患者单位与本人就患者的病情应可能院方沟通，综合考虑各方面的因素，选择适合患者的检查、药物治疗或手术治疗方案，制定出适宜的医疗计划。
2. 医疗费用的管理。灾难性病伤除对健康的危害严重之外，另一层含义是指造成的医疗费用特别巨大，对单位与员工本人都是沉重的负担。有效地与院方沟通，就员工的用药范围等达成协议，避免用药浪费。如员工参加了医保、大病医疗或其他商业保险，还需与相关部门或保险公司协调。
3. 患病员工帮助计划。国内部分人力资源管理部门已开始实施员工帮助计划（EAP），对患病员工而言，可考虑制订特定的帮助计划。主要可采取募捐医疗费用、照顾患病员工的老弱家属及子女、协调保险理赔等方式。
4. 患病员工的心理问题。员工住院期间主要要鼓励员工战胜疾病，告知单位及同事的关心等。安慰病人家属，但病情应如实告知病人家属，不得隐瞒。

（二）出院后的管理

部分重症患者，经及时的现场急救和医师的积极治疗，生命脱离了危险，但遗留了残疾和其他功能障碍。如有的因骨折造成高位截瘫或肢体缺失；有的因严重的烧、烫伤而留下瘢痕及畸形，呈不同程度的残疾等，在经医院治疗后常需返回家中给予后续的照顾。

1. 帮助患者进行积极的康复治疗，防止残疾恶化，最大限度地恢复其功能。
2. 积极收集灾难性病伤幸存者关注的问题，并策划对应的项目予以回应。
3. 帮助患者重返社会和复职。随着治疗手段和早期诊断的进步，灾难性病伤患者生存几率不断提高，其中不少人仍有工作能力，可帮助他们重返社会和复职。
4. 灾难性病伤对患者造成的心理压力有时可能比生理压力更大，患者由于性格变化，悲观厌世，笼罩在疾病的阴影中，此时需注意除了医药方面的处理外，应积极进行心理干预，使患者改善情绪，通过神经-内分泌-免疫系统的作用，增强机体的免疫力，提高患者的抗病能力，使患者的生存质量提高。
5. 告知员工亲属，要充分理解患者的心理感受，避免使患者受到不良刺激，并与医师积极配合，给予员工心理上的支持。

（梁直厚　李海燕　张慧娟）

参考文献

[1] American College of Physicians. Complete Home Medical Guide [M]. New York: DK Publishing Inc, 2003.

[2] American College of Occupational and Environmental Medicine Consensus Opinion Statement. 2007.

[3] American Diabetes Association. Economic costs of diabetes in the US in 2002 [J]. Diabetes Care, 2003, 26: 917-932.

[4] Burton W N, Pransky G, Conti D J, et al. The association of medical conditions and presenteeism [J]. Occup Environ Med, 2004, 46 (6 Suppl): S38-45.

[5] Schultz AB, Dee W E. Employee health and presenteeism: a systematic review [J]. Occup Rehabil, 2007, 17: 547-579.

[6] Shirley Musich, Dan Hook, Stephanie Baaner, et al. The Association of Two Productivity Measures with Health Risks and Medical Conditions in an Australian Employee Population [J]. American Journal of Health Promotion, 2006, 20: 353-363.

[7] Lynch W D, RO I. Bullseye: demonstrating results with population health management, Absolute Advantage [J]. The Workplace Wellness Magazine, 2003, 2: 20-50.

[8] Mcalearney A S. Population health management: strategies for health Improvement [M]. Chicago: Health Administration Press, 2003.

[9] Ganz M L. The economic evaluation of obesity interventions: its time has come [J]. Obes Res, 2003 (11): 1275-1277.

[10] MAIDEN R P. Evaluating employee assistanee Programs: EAP evaluation federal government ageney [J]. Employee Assistanee Quarterly, 1988 (3): 191-203.

[11] Hyner G C, Peterson K W, Twavis J W, eds. SPM handbook of health assessment tools. 2nd ed. Pittsburgh, PA: The Society of Prospective Medicine, 1999.

[12] William Atkinson, EAPs: Investments, not costs [J]. Textile World: May 2001, 151, 5.

[13] Janesmoher. Affinity care, employee assistant program in workplace [J].

Employee Assistanc Qeuarterly, 2002, 4: 93.

[14] Ann S. Mc Alearney SCD. Population health mamagement: strategi ~ for health improvement. Chicago: Health Administmtion Press, 2002.

[15] MCDONALD, JESSICA. Value of EAPs is rising [J]. Credit Union Magazine, 2002, 6: 25-26.

[16] Richard J. Gerrig Philip G. Zimbardo, Psychology and life [M]. New York Pearson Education, Inc. 2004, 406-430.

[17] DANIELS A, TEEMS L, CARROLL C, et al. Transforming employee assistance programs by crossing the quality chasm [J]. International Journal of Mental Health, 2005, 34: 37-54.

[18] 黄建始. 美国的健康管理: 源自无法遏制的医疗费用增长 [J]. 中华医学杂志, 2006 (6): 1011-1013.

[19] 中华医学会健康管理学分会. 健康管理概念与学科体系的中国专家初步共识 [J]. 中华健康管理学杂志, 2009 (3): 141-147.

[20] 陈君石, 黄建始. 健康管理师 [M]. 北京: 中国协和医科大学出版社, 2007.

[21] 李明, 关志强. 健康风险评估和风险管理 [M]. 北京: 北京大学出版社, 2006.

[22] 傅华, 段广才. 预防医学 [M]. 北京: 人民卫生出版社, 2004.

[23] 叶任高, 陆再英. 内科学 [M]. 北京: 人民卫生出版社, 2004.

[24] 杨秉辉. 全科医学概论 [M]. 北京: 人民卫生出版社, 2008

[25] 陈文彬, 潘祥林. 诊断学 [M]. 北京: 人民卫生出版社, 2004.

[26] 王燕玲. 员工健康与快乐工作 [M]. 北京: 中国言实出版社, 2010

[27] 胡大一. 心血管内科学 [M]. 北京: 人民卫生出版社, 2009.

[28] 黄子通. 急诊医学 [M]. 北京: 人民卫生出版社, 2008.

[29] 中国营养学会. 中国居民膳食指南 [M]. 拉萨: 西藏人民出版社, 2010.

[30] 徐贵成. 糖尿病饮食方案 [M]. 北京: 中国轻工业出版社, 2010.